线圈类设备
典型故障案例分析

钱海　喇元　赵林杰　／主编

西南交通大学出版社
·成　都·

图书在版编目（CIP）数据

线圈类设备典型故障案例分析 / 钱海，喇元，赵林杰主编. —成都：西南交通大学出版社，2022.8
ISBN 978-7-5643-8797-6

Ⅰ. ①线… Ⅱ. ①钱… ②喇… ③赵… Ⅲ. ①电力设备－故障－分析 Ⅳ. ①TM407

中国版本图书馆 CIP 数据核字（2022）第 132562 号

Xianquanlei Shebei Dianxing Guzhang Anli Fenxi

线圈类设备典型故障案例分析

钱 海 喇 元 赵林杰 / 主 编

责任编辑 / 李芳芳
封面设计 / GT 工作室

西南交通大学出版社出版发行
（四川省成都市金牛区二环路北一段 111 号西南交通大学创新大厦 21 楼 610031）
发行部电话：028-87600564 028-87600533
网址：http://www.xnjdcbs.com
印刷：四川煤田地质制图印刷厂

成品尺寸 185 mm × 240 mm
印张 14.25 字数 292 千
版次 2022 年 8 月第 1 版 印次 2022 年 8 月第 1 次

书号 ISBN 978-7-5643-8797-6
定价 68.00 元

《线圈类设备典型故障案例分析》编委会

主　编　钱　海　喇　元　赵林杰

副主编　张　曦　杨家辉　袁　耀

参　编　黎文浩　李炳昊　鲍连伟

黄克捷　雷园园　朱俊霖

前 言
FOREWORD

电力系统是国家关键基础设施，电力安全直接关系国计民生。随着经济发展和生活水平提高，现代社会的正常运转对电力的依赖越来越高，对电力行业的安全生产也提出了更高的要求。线圈类设备包括变压器、电抗器、互感器等电力设备，是电力系统中的关键核心设备，具有设备基数大、单体价值高、故障后果严重等特点，一旦发生故障，其影响范围广、检修周期长，同时可能会带来严重的经济损失和恶劣的社会影响等一系列问题。为贯彻落实南方电网公司安全生产工作部署，总结电力设备运维检修教训，防范化解安全生产风险，全力支撑电网安全稳定运行，南方电网公司生产技术部组织编写了《线圈类设备典型故障案例分析》。

本书对南方电网公司近年来的电力变压器及其关键组部件、电抗器、互感器、换流变压器等线圈类设备发生的典型故障进行总结和分析。结合设备管理经验筛选了电力系统中的线圈类设备频发和易发性故障案例，并对故障的发生过程、故障处理过程、故障分析思路和应采取的针对性措施进行了阐述。本书的出版是对近年来南方电网线圈类设备运行经验教训的总结，相关案例和分析内容可以为专业技术人员和设备管理人员提供技术参考，有助于提升线圈类设备的选型、运行维护、检修工作和设备管理水平，防范类似故障的重复发生。

由于编者编写水平和能力所限，书中难免存在疏漏和不足之处，恳请广大读者批评指正。

编 者

2022 年 7 月

线圈类设备
典型故障案例分析

目 录
CONTENTS

第 1 章 变压器绕组短路损坏故障 ······ 001

1 220 kV 主变压器中压侧线路带接地刀闸合闸导致中压绕组损坏故障 ······ 002
2 220 kV 主变压器低压引线夹持螺杆断裂导致相间及对地短路故障 ······ 006
3 220 kV 主变压器中压侧电缆绝缘破坏导致线路永久性单相接地故障 ······ 010
4 110 kV 主变压器低压侧开关柜故障导致低压侧三相短路故障 ······ 015
5 220 kV 主变压器低压侧因小动物导致三相短路故障 ······ 019
6 引流线摆动放电导致 220 kV 主变压器短路故障 ······ 025
7 雷击线路杆塔导致 220 kV 主变压器接地及相间短路故障 ······ 029
8 安装工艺分散性导致 220 kV 主变压器低压绕组匝间短路故障 ······ 032
9 220 kV 主变压器引线固定不牢导致匝间短路故障 ······ 036
10 雷击导致 220 kV 主变压器三相短路故障 ······ 041
11 线路接地故障导致 220 kV 主变压器匝间短路故障 ······ 045
12 110 kV 主变压器接地故障导致匝间短路 ······ 051

第 2 章 变压器线圈内部绝缘故障 ······ 055

1 500 kV 主变压器金属异物侵入引发内部绝缘放电故障 ······ 056
2 500 kV 主变压器绕组换位绝缘失效引发内部绝缘放电故障 ······ 065
3 500 kV 主变压器内部绝缘放电故障 ······ 070

第 3 章　变压器套管故障 …… 075

1　220 kV 变压器套管裂纹故障 …… 076
2　套管密封不良导致主变压器级间短路故障 …… 081
3　套管瓷质不良故障 …… 085
4　套管导电管断裂故障 …… 091
5　套管穿缆接头焊接不良导致变压器起火故障 …… 094
6　套管绝缘不良引起高抗起火故障 …… 098
7　500 kV 套管 X 蜡缺陷 …… 103
8　500 kV 套管均压球对地放电故障 …… 107
9　套管密封不良导致高压并联电抗器故障 …… 113

第 4 章　变压器分接开关故障 …… 121

1　柔直变压器有载分接开关故障 …… 122
2　220 kV 某变电站#2 主变有载分接开关故障 …… 127
3　极 1 低端换流变有载分接开关故障 …… 134
4　220 kV 某变电站#1 主变真空有载分接开关故障 …… 142

第 5 章　变压器非电量保护异常动作跳闸 …… 151

1　220 kV 主变非电量保护异常导致变压器击穿放电 …… 152
2　500 kV 变二次端子排绝缘降低引发主变跳闸 …… 157
3　500 kV 主变温控器内部凝露引发主变跳闸 …… 161

第 6 章　电抗器设备故障 …… 165

1　500 kV 抽能高压并联电抗器起火故障 …… 166
2　220 kV 主变变低 10 kV 限流电抗器烧毁故障 …… 173

第 7 章　电力互感器故障 ……179

1　500 kV 电流互感器内部绝缘故障 ……180
2　500 kV 电流互感器内部绝缘放电故障 ……184
3　220 kV 电流互感器内部绝缘故障 ……187
4　220 kV 电流互感器内部绝缘放电 ……193
5　110 kV 电容式电压互感器电容击穿故障 ……199

第 8 章　直流工程主设备典型故障缺陷 ……201

1　换流变压器磁屏蔽放电故障 ……202
2　柔直变压器出厂试验过程中乙炔气体超标故障 ……207
3　±400 kV 直流穿墙套管电容芯子表面放电故障 ……211
4　±500 kV 直流穿墙套管端部连接片断裂故障 ……215

参考文献 ……218

第 1 章　变压器绕组短路损坏故障

1 220 kV 主变压器中压侧线路带接地刀闸合闸导致中压绕组损坏故障

1.1 故障概况

1.1.1 故障前运行方式

某 220 kV 站#1、#2 主变的 110 kV 和 35 kV 侧均并列运行。

1.1.2 故障过程描述

15 时 14 分 49 秒 907 毫秒对线路充电，15 时 14 分 49 秒 917 毫秒，#1 主变差动动作；15 时 14 分 50 秒 566 毫秒，#2 主变第一套、第二套保护比率差动动作，切除#2 主变三侧开关；15 时 14 分 50 秒 854 毫秒，#2 主变本体重瓦斯动作。

1.1.3 故障设备基本情况

故障变压器型号为 SFPSZ7-120000/220，该主变已投运 27 年。

1.2 故障检查情况

1.2.1 外观检查

#2 号主变本体、三侧套管，间隔 CT 等外观未发现明显异常。对主变本体油位、有载调压分接开关油位、套管油位、瓦斯继电器、集气盒进一步检查，未发现异常。

1.2.2 试验情况

（1）对故障主变本体油开展油中溶解气体试验，氢气、乙炔和总烃分别为 314.93 μL/L（规程注意值 150 μL/L）、74.58 μL/L（规程注意值 5 μL/L）和 164.66 μL/L（规程注意值 150 μL/L），均已超过规程注意值。

（2）中压侧绕组直流电阻不平衡率达 27.33%（规程限值 2%），其中 Bm 相直流电阻增大明显。

（3）中压-低压短路阻抗偏差超规程注意值（规程限值±1.6%），B 相实测值偏低。

（4）频响测试结果显示，故障后中压侧 Bm 相绕组频响曲线在 40 ~ 200 kHz 范围的波峰、波谷位置发生明显变化，低频段相关系数降低至 0.5，存在变形的可能性较大。

1.2.3　解体检查

1. 线圈解体

吊芯后，线圈、垫块、绝缘件、围屏等未见异常；拆除围屏后，发现调压线圈底部有黑色炭化粉末。

2. 中压 Bm 相绕组解体

绕组解体后，发现中压 Bm 相绕组自上而下第 9 ~ 12、31 ~ 36 饼发生扭曲、纠结、内凹等变形，多处绝缘纸开裂、垫块移位，如图 1.1 所示。此外，第 9 ~ 12 饼线圈附近还发生导线烧蚀和熔断现象，如图 1.2 所示。

图 1.1　中压 Bm 相线圈

图 1.2　中压线圈烧蚀和断股部位

3. 中压 Am、Cm 相绕组解体过程

对 Am、Cm 相绕组进行解体检查，发现两相绕组首端线饼略有倾斜，绕组纠结处垫块松动。

1.3 故障原因分析

1.3.1 直接原因分析

110 kV 线路接地刀闸机构输出轴与本体连接的圆柱销断裂，在进行操作分闸后，接地刀闸位置指示变为分位，但由于触头未动作，实际在合闸位置，在合上 220 kV 变电站开关时，发生三相短路接地故障，故障电流穿越#2 主变，并对其造成严重冲击。

1.3.2 间接原因分析

（1）主变遭受短路冲击情况分析。据统计，2016 年至今，#2 主变共计遭受短路冲击 21 次，其中受到近区冲击（65%可耐受最大短路冲击电流及以上）的为 2 次，分别为 76.17%和 73.7%；65%～45%为 4 次；45%～25%为 5 次；25%及以下为 10 次。多次短路冲击产生的累积效应降低了主变抗短路能力。

（2）主变承受短路能力校核情况分析。根据供应商提供的线圈设计参数，建立了短路分析模型，开展主变承受短路能力校核。模型以饼为单位，精确设置每饼的匝数和饼间的垫块尺寸，全面反映了线圈的安匝分布，保证了线圈轴向力的准确性。校核结果显示中压绕组幅向、低压绕组和平衡绕组幅向和轴向的抗短路能力不足，如表 1.1 所示。进一步校核了本次故障工况：高-中运行发生中压三相短路时，中压线圈的导线幅向弯曲应力（361 MPa）远远超过许用应力（81 MPa），表明中压发生短路冲击时，中压绕组易发生弯曲变形，与吊芯检查结果一致。

表 1.1 短路力计算结果

计算项目	中压线圈		高压线圈	
	SEPRI 计算值	许用值	SEPRI 计算值	许用值
外线圈平均环形拉伸应力/MPa	—	—	66.8	90
内线圈平均环形压缩应力/MPa	54.8	54	—	—
在撑条或垫块之间的跨度内的导线幅向弯曲应力/MPa	361.3	81	—	—

续表

计算项目	中压线圈		高压线圈	
	SEPRI 计算值	许用值	SEPRI 计算值	许用值
在幅向垫块之间的跨度内的导线轴向弯曲应力/MPa	38.8	81	33.4	81
与导线倾斜相关的每个实体绕组上的最大轴向压缩力/kN	1 965.1	556	833.1	2 460
幅向垫块的压缩应力/MPa	28.5	80	9.9	80
纸板层压端圈的压缩应力/MPa	—	—	—	—

1.4　应采取的措施

开展同厂同型号变压器抗短路能力校核，并按照分级校核结果制定和落实一次设备运维、保护设置等方面的管控措施。

2 220 kV 主变压器低压引线夹持螺杆断裂导致相间及对地短路故障

2.1 故障概况

2.1.1 故障前的运行方式

某 220 kV 变电站三台主变（#1、#2、#3）高、中压侧均并列运行。

2.1.2 故障过程描述

14 时 34 分 26 秒 687 毫秒，110 kV 某线 C 相故障，保护启动；14 时 34 分 26 秒 863 毫秒，110 kV 该线保护距离 I 段保护动作跳闸；14 时 34 分 27 秒 943 毫秒，110 kV 该线保护重合闸动作；14 时 34 分 28 秒 43 毫秒，#3 主变保护差动动作；14 时 34 分 28 秒 75 毫秒，110 kV 该线保护距离加速动作；14 时 34 分 28 秒 75 毫秒，#3 主变本体重瓦斯动作，#3 主变跳开三侧开关，10 kV 备自投动作成功，无负荷损失。

2.1.3 故障设备基本情况

故障变压器型号为 SFSZ11-240000/220，该主变投运 9 年。

2.2 故障检查情况

2.2.1 外观检查

#3 主变套管无破损、无漏油、无放电痕迹，导线、母线桥连接部分无发热和断裂现象，外壳无变形痕迹。本体油位正常，储油柜各连接法兰无漏油和渗油现象。本体瓦斯继电器内部有气体，压力释放阀喷油。

2.2.2 试验检查

（1）油中溶解气体和瓦斯气体试验。

2021 年 5 月 10 日，对#3 主变开展瓦斯气体和本体绝缘油色谱试验，试验数据如表 1.2 所示。

表 1.2　主变瓦斯气体及油色谱试验数据　　　　单位：μL/L

气体	H_2	CH_4	C_2H_6	C_2H_4	C_2H_2	CO	CO_2
2021-5-10 瓦斯气体	2 874	117.7	77.6	535.4	481.1	1 211.8	1 313
2021-5-10 本体油	1 891	117.1	58.2	493.8	429	815	3 393
2021-5-10 理论值	2 874	117.7	77.6	535.4	481.1	1 313	2 754

根据三比值法计算编码 112，判断故障类型为电弧放电。

（2）高压试验。

5 月 10 日至 5 月 11 日，进行#3 主变停电后检查性试验，试验内容包括：本体绝缘电阻、铁心及夹件绝缘电阻、套管介损及电容量、绕组直流电阻、变比、绕组变形。试验结果显示变低绕组轻微变形，其他试验结果合格，与历史试验数据基本一致。

2.2.3　解体检查

返厂后对主变进行了绝缘电阻、直流电阻和变比测量，结果合格，频响曲线显示本体绕组无变形。

主变解体检查发现低压 c 相下部出头位置烧损、油箱磁屏蔽受损、内置串联电抗器绕组变形严重等问题，如图 1.3 所示。具体情况如下：

图 1.3　主变内部故障损坏情况

（1）低压 c 相下部出头和引线铜排连接区域有黑色物质，并呈辐射状散布在铜排和各绝缘件表面。

（2）低压 c 相绕组出线接头附近引线铜排存在明显放电痕迹，对应位置的油箱壁有放电痕迹，如图 1.4 所示。

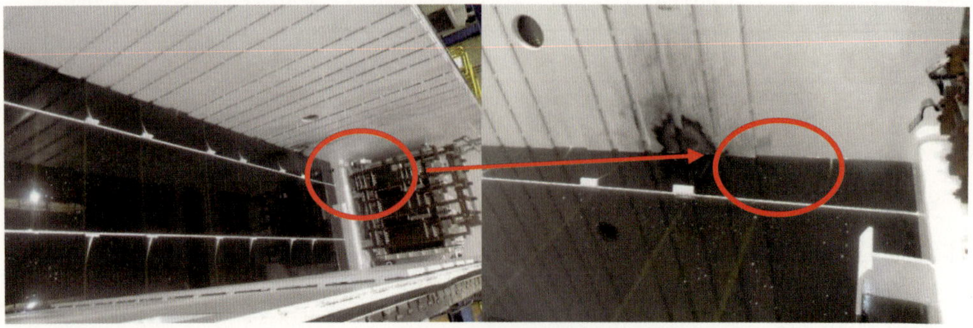

图 1.4　引线铜排及油箱壁放电痕迹

（3）内置串联电抗器三相线圈的受损程度不一，B、C 两相均在中部端绝缘位置出现绝缘错位和裂纹问题，A 相线圈在中部端绝缘位置有略微形变，上部固定隔板的紧固件有一根螺杆断裂。

（4）三相上压板、相间隔板、下夹件磁屏蔽上防护纸板、线圈端圈等各处位置的绝缘件上均发现有黑色异物，尤其是故障区域，异物数量更多。

（5）低压 c 相绕组底部存在 3 处轻微垫块移位现象，高压、中压、调压绕组未发现明显异常。

2.3　故障原因分析

低压引线铜排绝缘夹持件固定穿心螺杆在本次故障前已断裂，夹持件向左侧位移，导致 c 相接头自由度过大，在故障穿越电流作用下，铜排发生相间及对地短路。螺杆断裂原因可能为材质不良、安装不当、短路电动力下的剪切力作用等。

2.4　应采取的措施

（1）核查在运同结构主变历史短路次数和短路电流，针对短路次数多、短路电流大的主变，结合停电进行直阻、绕组变形、低电压阻抗等试验。

（2）优先对在运同结构主变开展抗短路能力校核，根据校核结果进行整改。

（3）针对在运同结构主变开展一次超声带电局放测试，取一次油进行油色谱检测，并检查铁心和夹件接地电流是否异常。

（4）在运同结构主变，如装有在线监测装置，应确保其正常运行；在主变遭受短路后应进行在线或离线色谱数据分析。

3 220 kV 主变压器中压侧电缆绝缘破坏导致线路永久性单相接地故障

3.1 故障概况

3.1.1 故障前的运行方式

220 kV#1M、#2M 母线经母联 260 开关并列运行，其中#1 主变挂#1M 运行，#2 主变挂#2M 运行。

3.1.2 故障过程描述

12 月 23 日 23:08，220 kV 变电站 110 kV 某Ⅱ线 106 开关距离Ⅰ段动作，开关跳闸，重合不成功，故障相为 C 相（故障电流 8 533.2 A，故障原因：社会人员盗窃破坏输电电缆）。

12 月 23 日 23:37，调度遥控合上变电站 110 kV 某Ⅱ线 106 开关，110 kV 某Ⅱ线线路保护距离Ⅰ段动作跳闸，106 开关跳闸，强送不成功。同时#1 主变第一套保护差动保护动作，#1 主变第二套保护差动保护动作，跳开主变三侧开关 261、161、901 开关。

12 月 24 日 01:05，220 kV 变电站#1 主变本体轻瓦斯告警。

3.1.3 故障设备基本情况

故障变压器型号为 SFPSZ8-120000/220，该主变已投运 26 年。

3.2 故障检查情况

3.2.1 外观检查

经检查，#1 主变外观无异常，如图 1.5 所示。

图 1.5　220 kV 变电站#1 主变外观图

3.2.2　试验验证情况

1. 本体油油中溶解气体分析

#1 主变差动保护动作后对主变本体取油化验，其中氢气、乙炔和总烃分别为 190.07 μL/L、77.17 μL/L 和 164.66 μL/L，均已超过规程注意值（氢气、乙炔和总烃分别不大于 150 μL/L、5 μL/L 和 150 μL/L），本体瓦斯继电器集气盒内检测出大量可燃气体。

2. 试验情况

绕组直流电阻测量发现中压侧 Cm 相直流电阻比其他两相大 4.3 mΩ，三相直流直阻分别为 153.2 mΩ、153.2 mΩ、157.5 mΩ，中压侧三相直流电阻不平衡率为 2.82%，其中 Cm 相较上一次试验数据偏差超过 3%，均超过规程注意值（2%）。

频率响应法和低电压短路阻抗测试表明中压侧 Cm 相绕组明显变形。

短路阻抗测试发现 C 相中压对低压短路阻抗为 6.13%，比铭牌值 7.25%降低 15.33%。

变比测试发现 C 相高压对中压变比为 2.359 8，与铭牌值 2.09 相比变大，偏差为 12.9%，大于规程要求值（±1%）。

其余试验未发现异常。

3.2.3　解体检查

1 月 14 日至 15 日，对#1 主变进行厂内吊罩解体检查，C 相上压板发生位移，所有压钉松动，中压线圈 Bm 相下部 20 段线圈向外凸起，中部凹陷，且第 48 段存在匝间短路；低压线圈 c 相上部、下部线饼存在倾斜倒塌现象。检查情况如下：

1. 器身检查

（1）高压侧上部 A、B 相压板未见明显位移现象，C 相压板有明显位移，其他未见明显异常，如图 1.6 所示。

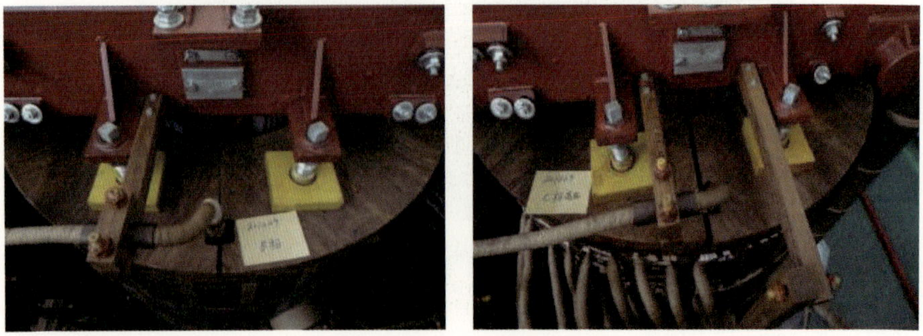

图 1.6　主变器身检查

（2）器身预压测试。

对 A 相线圈加压至 100 bar（1 bar=10^5 Pa）发现各 1 根压钉有松动，持续升压到 150 bar，A 相压钉全部松动；B 相线圈加压到 200 bar 时，全部压钉松动；C 相线圈组未加压力，全部压钉松动。A、B 相线圈纵向压紧力良好，C 相线圈已松动。

2. 线圈检查

（1）中压 Am 相线圈未见明显异常，Bm、Cm 相线圈导线有较严重的扭曲变形现象，其中 Bm 相变形区域在线圈下部第 10～17 挡，底部起 1～20 段，Cm 相主要集中在线圈中部有扭曲鼓包变形现象，且发现较多的铜渣及碳化物，如图 1.7 所示。

图 1.7　中压线圈检查

（2）中压 Cm 相第 48 段发现有线匝断股及导线局部凹陷现象，如图 1.8 所示。

图 1.8　中压 Cm 相线匝断股及导线局部凹陷

（3）低压 a 相线圈未见明显异常，b、c 线圈导线有扭曲变形现象。

（4）低压 c 相上部和下部存在线饼倾斜倒塌现象，中部导线略有弯曲变形，上端部线匝松散，如图 1.9 所示。

图 1.9　低压 c 相存在倾斜倒塌、弯曲变形、线匝松散

3.3 故障原因分析

直接原因：110 kV 某Ⅱ线 Cm 相电缆遭破坏，造成永久单相接地故障，#1 主变短时间内连续遭受两次（重合闸、强送）近区短路冲击，造成主变内部故障。

间接原因：#1 主变受限于 20 世纪 90 年代主变结构设计、生产工艺及线圈材质等原因，抗短路能力较差，在连续遭到近区故障冲击后，主变内部发生故障。

3.4 采取的措施

（1）加强对该站变电站出线的运维，防止近区短路冲击#2 主变。

（2）在#1 主变恢复运行前，暂时停止对变电站 110 kV 和 10 kV 出线进行强送；暂时退出变电站#2 主变所带 110 kV 出线及 10 kV 出线重合闸，防止电缆线路永久故障对#2 主变造成连续短路冲击。

（3）加强对#2 主变的运维管控。#1 号主变恢复供电前 220 kV 变电站恢复有人驻守模式，#2 主变管控等级由Ⅲ级提至Ⅱ级，按期开展#2 主变油样测试，#1 号主变恢复供电后，开展#2 主变绕组变形测试。

4　110 kV 主变压器低压侧开关柜故障导致低压侧三相短路故障

4.1　故障情况说明

4.1.1　故障前运行方式

#1 主变带 10 kV#1 母线运行，#2 主变带 10 kV#2 母线运行，10 kV 分段开关在热备用状态。

4.1.2　故障概况

3 月 22 日 18 时 01 分，10 kV 某开闭所 10 kV Ⅱ段母线 PT 柜 C 相故障（绝缘击穿接地），发展成三相短路，开闭所Ⅱ段母线进线开关跳闸，Ⅱ段母线失压；18 时 22 分，开闭所电房电工未认真检查，手动合上 10 kV 分段开关，合闸于故障母线，分段开关、Ⅰ段母线进线开关跳开；18 时 01 分，该站#1 主变低后备过流Ⅰ、Ⅱ、Ⅲ、Ⅳ段保护动作跳开#1 主变低压侧开关，轻瓦斯、重瓦斯保护动作跳开#1 主变高压侧开关，造成 10 kV#1 母线失压。

4.1.3　故障设备基本情况

故障变压器型号为 SFZ9-M-20000/110，该主变已投运 14 年。

4.2　故障检查情况

4.2.1　外观检查

10 kV 某线开关柜顶部母线仓内壁严重烧黑，母线侧刀闸三相支柱瓷瓶均存在破裂情况，三相刀闸静触头支柱瓷瓶部件均有严重放电烧熔痕迹，C 相刀闸动静触头有轻微放电烧熔痕迹。其他设备检查正常。

4.2.2　试验验证情况

（1）事故跳闸后对#1 主变本体取油化验，氢气、乙炔及总烃严重超标，三比值法分析为电弧放电。

（2）低压侧套管连同绕组直流电阻试验不合格（ab：27.12 mΩ，bc：27.03 mΩ，ca：40.71 mΩ），高压侧数据合格，判断为低压侧 a 相绕组断股。

4.2.3 解体情况

1. 内部器身外观检查情况

吊罩后检查发现，器身未见位移，分接引线走线平直，导线夹无松动，压板、垫板无开裂，紧固螺丝无松动，分接开关外观良好，铁心片未见损伤。绕组上、下端部绝缘垫块有局部窜动和移位现象，在箱底、端部油道有铜渣及绝缘碳化物，如图 1.10 所示。

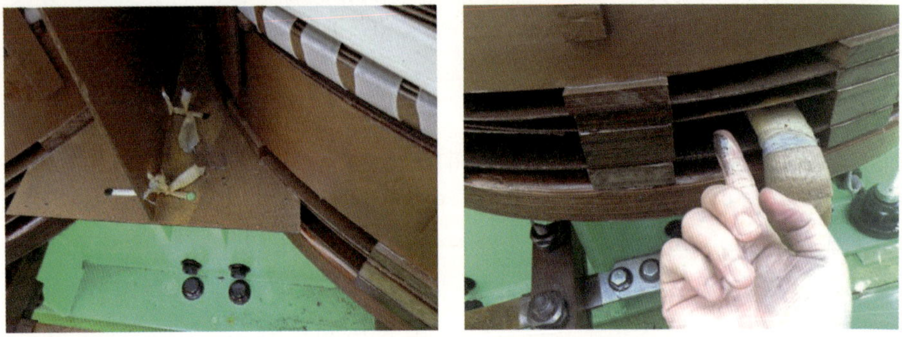

图 1.10 箱底、端部油道有铜渣

2. 高压绕组检查情况

三相高压绕组油隙垫块无移位现象，垂直度良好；绕组无局部翘曲、扭曲或变形，情况良好。

3. 低压绕组检查情况

1）a 相绕组检查情况

没有幅向变形，大部分撑条和垫块情况完好，绕组下端部出线位置线饼存在向内弯曲、移位，下端部第一个线饼内外线匝之间的绝缘垫条已窜出，下端部第一、第二个线饼存在匝间、饼间短路灼烧现象，灼烧部位铜线已经部分缺损、断线、绝缘碳化，如图 1.11 所示。

图 1.11　相低压绕组匝间、饼间短路烧损

2）b 相绕组检查情况

没有幅向变形，撑条、垫块完好，下端部引出线收缩带断裂，线饼的匝间垫条有窜出现象。

3）c 相绕组检查情况

有幅向变形，撑条及垫块完好，上端部线饼有一股导线上窜，局部位置匝间垫条松动，下端部引出线收缩带松动。

4.3　故障原因分析

通过分析故障点的放电痕迹，判断#1 主变故障是由于 a 相低压绕组下端部第一、第二个线饼饼间及匝间绝缘击穿造成。引起饼间、匝间绝缘击穿短路的原因有多种，分析如下：

1. 从主变抗短路能力分析

对故障主变（运行 15 年及以上）进行抗短路能力校核，计算最大耐受电流有效值为 $14.66/\sqrt{2}=10.37$ kA，本次短路电流有效值为 $14.57/\sqrt{2}=10.3$ kA，持续时间为 1.7 s，接近校核值，该主变抗短路能力不足。

2. 从绑扎工艺分析

故障主变低压绕组仅用收缩带整体绑扎端部第 1、2 个线饼，端部线饼匝间垫条未进行绑扎，低压绕组在短路力作用下端部线饼匝间垫条发生松动。

3. 综合分析

故障主变由于运行时间长，绝缘收缩，导致绕组轴向压紧力下降，加之低压绕组引出线、垫条等部位绑扎工艺不够完善，在短路力作用下，低压绕组引出线出现大幅振动，引起下端部线饼匝间垫条窜出，外匝向内变形，导致匝间出现摩擦挤压、绝缘损坏，最终造成主变低压绕组 a 相最下端线饼引出线处发生匝间、饼间短路。

4.4 应采取的措施

1. 加强老旧主变设备运维管理

一是梳理采用同类旧结构工艺的在运主变清单并制定加固改造方案，经技术、经济比较评估后确定最终整改方案。二是针对运行超过 15 年的 110 kV 及以上变压器，组织开展抗短路能力校核工作，结合预试开展绕组变形试验并与历史数据进行趋势对比分析，对于抗短路能力不足的变压器，制定针对性运维检修策略并严格落实，防止主变因近区短路冲击发生绕组变形故障。

2. 优化保护定值配合时限

根据主变抗短路能力校核结果，开展主变保护定值校核，优化变电站 10 kV 出线、用户保护时间级差，在满足保护配合要求的基础上，尽量缩短主变后备保护过流时限。

5　220 kV 主变压器低压侧因小动物导致三相短路故障

5.1　故障情况说明

5.1.1　故障前运行方式

#2、#3 主变变高、变中并列运行，变低分列运行。

5.1.2　故障概况

11 月 22 日 20 时 05 分，#3 主变主一、主二保护比率差动保护动作，跳开#3 主变变高 2203 开关、变中 103 开关、变低 503 开关，10 kV550 备自投动作，合上 10 kV 分段 550 开关，现场天气晴。

经现场检查发现，#3 主变变低穿墙套管户外侧与半绝缘管母连接处有明显放电痕迹，地面有一只被电死的老鼠。

11 月 23 日 3 时 48 分，运行人员开展#3 主变送电操作，于 4 时 02 分合上变高开关（此时变中与变低开关在分闸位置，主变处于空载送电状态，且故障点处绝缘已处理恢复），主变轻、重瓦斯动作跳开变高开关。

11 月 23 日，修试人员开展试验检查工作，油色谱试验结果显示乙炔 1 765 μL/L、总烃 4 189 μL/L，变低绕组变形不合格，直流电阻不合格，绝缘电阻合格。现场判断主变已不能投入运行，需返厂修复。

5.1.3　故障设备基本情况

故障变压器型号为 SPSZ10-240000/220，该主变投运 4 年。

5.2　故障检查情况

5.2.1　外观检查

#3 主变第一次跳闸后，现场检查发现主变变低穿墙套管户外侧与半绝缘管母连接处及避雷器引下线有明显放电痕迹，穿墙套管位于主变变低套管与变低限流电抗器之间，地面有一只被电死的老鼠，如图 1.12 所示。#3 主变变低穿墙

套管户外侧与半绝缘管母连接处绝缘包裹情况良好，与运行中的#2 主变类似。变低避雷器计数器 B 相的观察窗损坏，对三相避雷器及计数器作更换处理。检查主变压器外观正常，第一次跳闸后检查集气盒及瓦斯继电器均无气体，第二次跳闸后集气盒有气体。

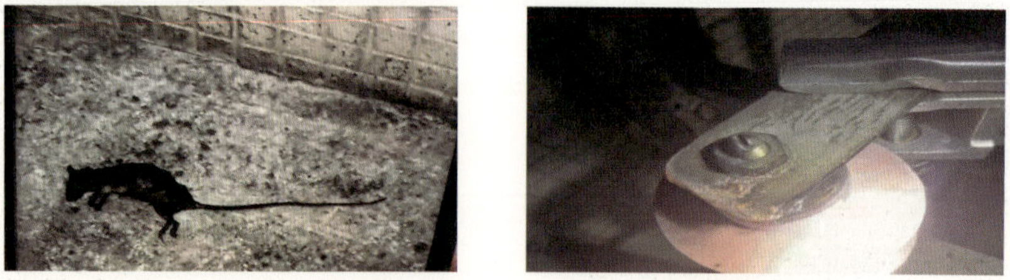

图 1.12　#3 主变变低户外避雷器下方地面电死的老鼠、避雷器放电痕迹

5.2.2　试验检查

针对第一次跳闸，现场开展了主变变低绕组变形、直流电阻、绝缘电阻试验与油中溶解气体色谱分析试验，结果无明显异常。

针对第二次跳闸，现场开展了主变绕组变形、直流电阻、绝缘电阻试验与油色谱试验，结果显示绝缘电阻、变高与变中绕组变形及直流电阻无异常，变低绕组变形及直流电阻不合格，油色谱中乙炔与总烃超过注意值。

5.2.3　解体检查

1. 变压器吊芯检查

1）主变 A 相

主变 A 相低压侧靠旁柱围屏破损，顶部压板有大量纸屑，顶部端圈破损；油箱底部有绝缘纸破碎的纸屑，下部垫块幅向移位；A 相绕组中部围屏崩开，铜线裸露；压钉无弯曲变形，如图 1.13 所示。

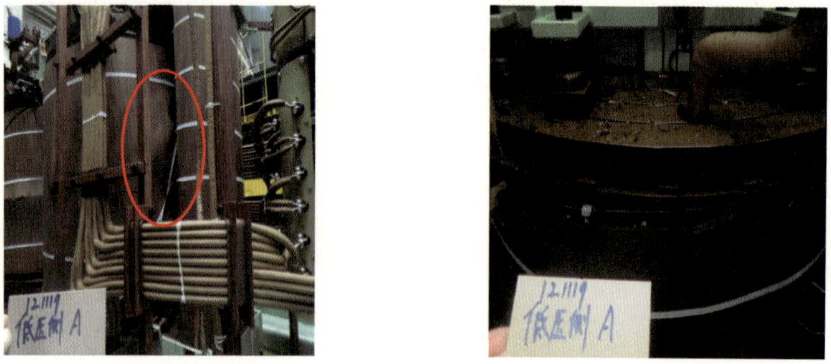

（a）靠旁柱侧围屏破损　　　（b）压板顶部有纸屑，端圈破损

图 1.13　主变 A 相吊芯检查结果

2）主变 B 相

B 相围屏中部崩开，A、B 相之间发现烧黑的纸板；油箱底部发现破碎的绝缘纸屑，顶部压板和端圈出现幅向位移；B 相低压侧端圈断裂，如图 1.14 所示。

（a）围屏中部崩开

（b）油箱底部纸屑

图 1.14　主变 B 相吊芯检查结果

3）主变 C 相

C 相围屏完好，仅在油箱底部发现烧黑的纸板，如图 1.15 所示。

（a）围屏完好

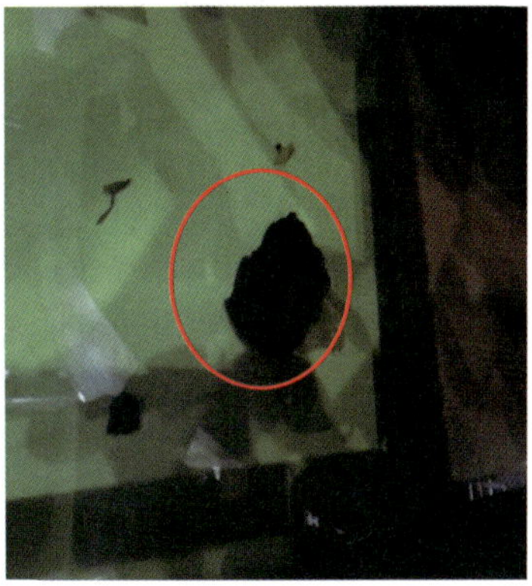

（b）油箱底部出现烧黑的纸板

图 1.15　主变 C 相吊芯检查结果

2. 变压器绕组检查情况

主变吊罩后，对其三相三侧线圈进行逐个检查。高压、中压及调压绕组均未发现异常。低压 a、b 两相线圈中部发生匝间短路及倒塌，具体检查结果如下：

1）低压 a 相绕组

低压绕组采用组合导线，线规采用 3.2 mm×7.5 mm，为四根并绕的螺旋式绕组。绕组中部发生匝间短路放电，导致匝间和股间严重烧损、坍塌；绕组中部出现局部断股；低压绕组非放电位置发生轴向坍塌；坍塌及放电位置位于绕组中部从上至下第 10 ~ 24 匝，如图 1.16 和 1.17 所示。

图 1.16 低压 a 相绕组中部坍塌、匝间短路

图 1.17 低压 a 相绕组中部坍塌

2）低压 b 相绕组

低压绕组 b 相故障情况与 a 相类似。坍塌及放电位置位于绕组中部从上至下第 18 ~ 26 匝，如图 1.18 和 1.19 所示。

3）低压 c 相绕组

低压 c 相绕组中部与 a、b 两相相同高度处发生局部轻微鼓起及变形。

图 1.18　低压 b 相绕组中部严重烧蚀

图 1.19　低压 b 相绕组中部严重烧损

5.3　故障原因分析

小动物造成主变变低 b 相单相接地，并最终引起三相短路接地，是本次故障的诱因。根据主变技术协议书和厂家提供的抗短路能力报告，主变低压绕组设计的短路电流耐受有效值为 36.65 kA。低压绕组的最小安全系数为 1.1，第一次跳闸时，折算至变低绕组故障相电流有效值为 25.3 kA，未达到厂家给定的设计值。主变低压绕组实际耐受短路电流在未达到厂家给定设计值的情况下，复电后主变发生内部故障，故主变抗短路能力不足是本次故障的主要原因。

5.4 应采取的措施

（1）进一步研究户外设备防小动物强化措施。根据鼠类、蛇类动物喜欢靠墙边走动的习性，在户外可能造成的短路区域的墙边处放置粘鼠板、鼠药，并对其定期检查、更换；对户外设备裸露导体部分根据现场实际情况加强绝缘防护。

（2）在无限流电抗器的情况下，研究增强 220 kV 主变抗短路能力的方法。加强主变的技术选型，在新签订的变压器技术协议中加入更高要求，特别是提高低压绕组的抗短路能力。

6　引流线摆动放电导致 220 kV 主变压器短路故障

6.1　故障概况

6.1.1　故障前运行方式

220 kV 变电站#1、#2 主变高中压侧并列运行，#1 主变高压、中压侧中性点接地运行。

6.1.2　故障过程描述

6 月 7 日 16 时 37 分 52 秒，220 kV 某站 110 kV 某回线发生 B 相接地故障，接地距离 I 段动作跳开 107 断路器，随后 1.1 s 重合闸动作合上 107 断路器，约 1.06 s 后该线路再次发生 B 相接地故障，距离 I 段保护再次动作跳开 107 断路器，由于未达到重合闸充电时间，保护动作后不再重合。

第二次动作跳开 107 断路器后约 400 ms，#1 主变差动保护、速断保护动作、本体重瓦斯动作跳开#1 主变三侧断路器，同时#1 主变压力释放及本体轻瓦斯发信。

6.1.3　故障设备基本情况

故障变压器型号为 SFPSZ10-15000/220GY，该主变投运 19 年。

6.2　故障检查情况

6.2.1　外观检查

事故后现场检查发现#1 主变两侧压力释放阀动作，油从压力释放阀管道喷出；主变差动保护动作，重瓦斯动作；主变夹件接地引下线熔断。

6.2.2　试验检查

对故障主变开展电压比、直流电阻、绝缘电阻测试，试验情况如下：

（1）主变变比试验。按照《电力设备交接验收规程》（Q/CSG 1205019—2018）

要求，额定分接下电压比允许偏差不应超过±0.5%，其他分接的电压比应在变压器阻抗电压值（%）的 1/10 以内，且允许偏差不应超过±1%。高对中、中对低的 B 相试验结果不满足规程要求。

（2）直流电阻试验。按照《电力设备交接验收规程》（Q/CSG 1205019—2018）要求，各相线圈电阻相互间的差别不应大于三相平均值的 2%，线间线圈电阻相互间的差别不应大于三相平均值的 1%。主变高、低压侧直流电阻试验合格，中压侧 B 相直流电阻无法测出，试验结果不合格。

（3）绝缘电阻试验。按照《电力设备交接验收规程》（Q/CSG 1205019—2018）要求，变压器电压等级为 35 kV 及以上且容量在 4 000 kV·A 及以上时，应测量吸收比。吸收比与产品出厂值相比应无明显差别，在常温下不应小于 1.3。试验结果合格。

试验结果表明该变压器中压侧 Bm 相线圈内部存在匝间短路、断股等现象，初步判断该变压器突发短路对中压侧 Bm 相造成严重损坏。

6.2.3 解体检查

1. 器身表面及引线检查情况

高压 C 相压板表面有异物，垫块有轻微移位；B 相压板表面有较多碎纸片异物，主压板有错位，最大为 30 mm，最小为 18 mm，端圈垫块有明显移位，肩板松动，铁心表面有碎纸；A 相表面有异物。

低压 c 相压板表面有炭黑物；B 相压板表面有较多碎纸片异物，引线出头有炭黑痕迹，引线绝缘破损，主压板错位最大为 30 mm，最小为 18 mm，下部垫块移位；低压 b 相引线出头及中压 Bm 相引线出头有发黑痕迹，低压 b 相压板表面有较多金属异物（铜粉）；拉板与低压有明显烧黑、放电痕迹。

2. 线圈检查情况

高压 B 相：第 12 档导线外表面绝缘碳化、变黑，如图 1.20 所示。

中压 Bm 相：上部出头档位左右各 2 档第 1 ~ 3 段导线全部烧断，中部共 40 段导线扭曲变形严重，如图 1.21 所示。

低压 b 相：上部出头档位左数 1 ~ 6 档，导线变形，导线 1 ~ 3 匝绝缘烧坏，导线露铜多处，如图 1.22 所示。

图 1.20　高压 B 相线圈

图 1.21　中压 Bm 相线圈

图 1.22　低压 b 相线圈检查

综上所述，器身表面及引线检查发现高、低压侧主压板有错位，垫块有轻微移位；低压 b 相与中压 Bm 相引线出头有发黑痕迹，引线绝缘破损。吊开各绕组检查发现，高压 B 相上部至中部部分导线外表面绝缘碳化且变黑；低压 b 相上部导线变形，且导线绝缘烧坏；中压 Bm 相上部出头档位左右各 2 档第 1～3 段导线全部烧断，中部共 40 段导线扭曲变形严重。

6.3　故障原因分析

（1）低压采用扁线并绕，不满足幅向抗弯要求，导致线圈出现翘曲现象。由于低压轴向抗短路能力不足，导致部分线圈倾斜倒塌；中压线圈轴向抗短路能力不足，导线线圈倾斜倒塌、绝缘破损并引发匝间短路。

（2）变压器多次承受短路电流的累积效应，导致线圈预紧力降低，变压器出线发生单相对地短路故障时，短路力引起线圈振动，导致线圈匝绝缘破损，造成匝间短路，短路电弧进一步对拉板放电，短路电流通过夹件入地。

6.4　应采取的措施

（1）加强对老旧主变设备抗短路能力状态评估。

（2）对变电站出线侧的导地线、引流线支撑管、连接金具等设备开展专项排查，如发现缺陷，应及时消缺。

7 雷击线路杆塔导致 220 kV 主变压器接地及相间短路故障

7.1 故障概况

7.1.1 故障前运行方式

某 220 kV 变电站#1 主变 220 kV 侧运行于 220 kV Ⅰ母；#2 主变 220 kV 侧运行于 220 kV Ⅱ母，#2 主变中性点刀闸处于合上位置，#1 主变中性点未接地。

7.1.2 故障过程描述

8 月 24 日 19 时 48 分 48 秒，220 kV 站 110 kV 某线路发生 C 相接地故障，110 kV 某线差动保护动作跳开 135 断路器,随后 4.9 s 重合闸动作合上 135 断路器，同时 110 kV 某东线发生 A、C 相相间接地故障，距离 I 段保护（该线路为 T 接线，差动未使用）动作跳开 132 断路器，随后 4.9 s 重合闸动作合上 132 断路器。

110 kV 某线、某东线线路跳闸的同时#2 主变差动保护动作，跳开#2 主变三侧断路器，47 s 后#2 主变本体轻瓦斯发信。

7.1.3 故障设备基本情况

故障变压器型号为 SFPSZ10-150000/220，该主变投运 18 年。

7.2 故障检查情况

7.2.1 外观检查

#2 主变外观无异常，无渗漏油等现象，两侧压力释放阀无异常，轻瓦斯发信，重瓦斯未动作。

7.2.2 试验检查

1. 绝缘电阻试验

绝缘电阻下降严重，该主变整体绝缘受损。

2. 主变直流电阻试验

由直流电阻试验结果可知，低压绕组、中压侧 Cm 相可能存在匝间短路现象。

3. 主变变比试验

（1）高压对低压时，变比变大，说明低压侧绕组存在匝间短路。

（2）高压对中压时，变比变大，说明中压侧绕组存在匝间短路。

（3）中压对低压时，变比偏差较小，推测中压和低压短路位置为同一部位。

由以上三点推测，该变压器中压 Am 相、中压 Cm 相和低压 c 相存在绝缘损坏导致匝间短路。

4. 主变低电压阻抗试验

C 相阻抗百分数及欧姆值偏小，超出标准规定值，证明 C 相绕组存在变形及短路现象。

5. 主变绕组变形试验

结合《电力变压器绕组变形的频率响应分析法》（DL/T 911—2004）和绕组变形图谱综合判断，中压、低压绕组存在中度变形，高压绕组存在轻度变形。图谱上中压 Cm 相、低压 c 相幅值和趋势相比其他两相存在明显差异，中压 Cm 相曲线向下平移明显，特别是低频段，表明绕组发生了匝间短路和变形。

7.3 故障原因分析

（1）根据输电线路杆塔接地电阻实测结果及线路参数，计算得到 110 kV 某东线与 110 kV 某线#16 杆塔的反击耐雷水平为 80.74 kA。本次雷电流幅值为 -114.9 kA，大于该杆塔耐雷水平，杆塔在遭受雷击后地电位抬升，地电位与线路运行电压之间的电压差大于绝缘子击穿电压，导致 110 kV 某线 C 相绝缘子及 110 kV 某东线 A、C 相绝缘子被击穿，造成 110 kV 某线 C 相接地及 110 kV DF 东线 A、C 相相间短路故障，形成短路电流。雷击是造成本次故障的诱因。

（2）由于该主变设计年代较早，因此根据 GB 1094.5—85 计算，#2 主变穿越变压器高压、中压和低压绕组的理论耐受电流分别为 2.88 kA、5.24 kA 和 86 kA。但#2 主变未能承受本次短路冲击，表明变压器抗短路能力不足。

（3）#2 主变已运行 19 年。从 2017 年 2 月至今，110 kV 侧线路共遭受近区短路冲击 11 次，其中线路短路电流大于 4 kA 的接地故障有 5 次。随着运行时间的增加，变压器受到短路冲击并产生累积效应，使变压器的抗短路能力进一步降低，在本次近区短路冲击下，变压器因绕组失稳而发生内部故障，从而导致差动保护动作。累积效应造成的变压器抗短路能力降低是造成本次故障的直接原因。

7.4　应采取的措施

（1）结合抗短路校核结果，重新对变电管理所管辖的 220 kV 及以上变压器开展动态评价，对抗短路能力不足的变压器尽快制订检修计划。

（2）严格按照相关规定要求，对遭受近区短路冲击的变压器启动绕组变形试验。

（3）对全省范围内与该变电站#2 主变同厂同型号的变压器进行排查。对于同厂同型号的变压器应重点关注其运行情况（包括中性点接地方式和受短路冲击记录）。

8 安装工艺分散性导致 220 kV 主变压器低压绕组匝间短路故障

8.1 故障概况

8.1.1 故障前的运行方式

某 220 kV 变电站共三台主变（#1、#2、#3），高、中压侧均并列运行。

8.1.2 故障过程描述

9 月 23 日 23 时 19 分 43 秒 255 毫秒，220 kV 站 110 kV 某甲线 B 相故障，距离 I 段、零序 I 段保护动作跳闸，重合成功；23 时 27 分 06 秒 226 毫秒，220 kV 站 110 kV 某东线 B 相故障，距离 I 段保护动作跳闸，重合成功；23 时 27 分 06 秒 711 毫秒，#3 主变本体重瓦斯保护动作，#3 主变跳开三侧开关，10 kV 备自投动作成功，无负荷损失。

8.1.3 故障设备基本情况

故障变压器型号为 SFSZ10-240000/220，该主变仅投运 1 年。

8.2 故障检查情况

8.2.1 外观检查

#3 主变套管无破损、无漏油且无放电痕迹，导线、母线桥连接部分无发热、断裂现象，外壳无变形痕迹；本体油位正常，储油柜各连接法兰无漏油、渗油现象；压力释放阀无漏油、无喷油痕迹；绕组温度计和油温计显示绕组温度和油温均在 40 °C 下，绕组温度和油温正常；本体瓦斯继电器，各法兰面无漏油痕迹，透过观察窗可见挡板在闭合位置，油位大概位于 400 mL 位置，积气盒内部有气体。

解体检查发现三相高压线圈及内置电抗器外观完好，绕组无变形、移位现象；围屏无破损痕迹，铁心硅钢片无移位现象，各接触面连接良好，无松动、放电痕迹；套管表面无破损、放电痕迹，套管引线无散落松动现象，表面绝缘无破损脱落现象；有载开关引线无散落松动现象，检查油箱底部无垫块或其他散落件，但有轻微的碳化油迹。

低压线圈 b 相引出线绝缘纸破损（见图 1.23），绝缘纸掉落在油箱上，高压线圈 B 相靠 C 相绝缘隔板之间缝隙有黑色碳化物，通过底部紧压板空隙处观察，发现内部引出线耐热纸破损，可见导线裸露，线圈上部有金属残渣和掉落的一块约 5 cm×2 cm 大小的绝缘垫块，如图 1.24 所示。

图 1.23　低压线圈 b 相引出线绝缘纸破损

图 1.24　相底部裸露的金属

8.2.2　试验情况

对#3 主变进行了变压器绕组变形、变压器绕组连同套管绝缘电阻、吸收比或极化指数、铁心及夹件绝缘电阻、变压器本体介损以及本体油色谱试验。试验发现：

（1）变低侧绕组绝缘电阻及铁心对地绝缘电阻均为零。

（2）变低绕组相间直流电阻偏差高达 14.58%，其中 ab 相直流电阻偏大；折算至各相电阻值，可见 b 相电阻明显偏大，a 相电阻偏差接近于规定值 2%的要求。

（3）频响法绕组变形与交接数据相比，变中 Bm 相 50 ~ 100 kHz、150 ~ 200 kHz 范围存在明显差异；变低绕组三相曲线在全频段均存在明显差异。

（4）本体绝缘油中乙炔和总烃含量超标，三比值编码均为 102，判断为电弧放电。

低压 b 相绕组为双螺旋结构，如图 1.25 所示，吊出低压线圈后，发现其两侧相间下端部出现匝间（饼间）短路及导线断股，绕组导线及引线处绝缘纸炸开下部绝缘端圈断裂，下托板上绝缘纸板开裂。

B 相铁心柱靠下铁轭处近 A、C 相两侧铁心片严重烧损。上铁轭主级靠近高压侧 B、C 相及低压侧 a 相处铁心片存在多处烧蚀点，如图 1.26 所示。

图 1.25　低压 b 相绕组两侧相间下端部出现匝间短路

图 1.26　B 相铁心柱靠下铁轭处近 A、C 相两侧铁心片严重烧损

8.3　故障原因分析

结合故障录波图及解体检查情况，分析认为由于故障主变 B 相绕组底部下托板的垫块安装工艺分散性及短路电流冲击等原因，造成低压绕组下部垫块位移，绕组未有效压紧。在 110 kV DH 线 B 相发生单相接地故障时，非对称短路引起的零序电流导致 B 相低压绕组轴向振动，振动磨损造成匝间短路，并对铁心放电，接地电流造成部分铁心片损伤。

8.4　应采取的措施

（1）主变检修过程中考虑改善绕组支撑设计结构以避免工艺分散性，将支撑垫块改为径向或整垫块。

（2）对低压三相绕组自粘换位导线进行屈服强度及黏结强度测试。

（3）对同类型产品清单进行梳理，并核查相关主变历史短路情况。

（4）建议低压绕组设计容量选为 50%以上，降低电流密度，提高抗短路能力。

（5）建议增加非对称短路的零序电流及单相接地工况短路电流的抗短路能力校核。

9 220 kV 主变压器引线固定不牢导致匝间短路故障

9.1 故障概况

9.1.1 故障前运行方式

某 220 kV 站#1、#2 主变的 220 kV 侧并列运行，110 kV 侧分列运行。#1 主变中性点未接地，#2 主变中性点接地。

9.1.2 故障过程描述

1. 110 kV 某线第一次跳闸

9 月 18 日 21 时 13 分 34 秒 666 毫秒，110 kV 某线 A 相接地故障；21 时 13 分 34 秒 676 毫秒线路保护装置零序过流 I 段启动；21 时 13 分 34 秒 681 毫秒距离 I 段动作跳开 176 断路器；21 时 13 分 36 秒 810 毫秒，线重合闸动作成功；21 时 13 分 36 秒 902 毫秒，线路保护装置零序过流 I 段启动；18 日 21 时 13 分 36 秒 908 毫秒，距离加速启动；21 时 13 分 36 秒 915 毫秒，距离 I 段动作跳开 176 断路器。

2. 110 kV 某线第二次跳闸

9 月 18 日 21 时 20 分，调度人员按照规程强送 110 kV 某线；21 时 20 分 06 秒 783 毫秒，线路 A 相接地故障依然存在；21 时 20 分 06 秒 797 毫秒，110 kV KD 线线路保护装置距离 I 段动作；21 时 20 分 06 秒 813 毫秒，线路保护装置零序过流 I 段启动；21 时 20 分 06 秒 813 毫秒，距离加速启动；21 时 20 分 06 秒 997 毫秒，220 kV #2 主变故障录波启动；21 时 20 分 07 秒 719 毫秒，220 kV #2 主变本体重瓦斯动作，跳开主变三侧断路器；21 时 20 分 13 秒 362 毫秒，备自投合上 312 断路器。

9.1.3 故障设备基本情况

主变型号：SFPSZ8-120000/220（DFPSZ8-40000/220），该主变投运 19 年。

9.2　故障检查情况

9.2.1　外观检查

经检查，#2 号主变 A 相本体瓦斯继电器内有 3/5 气体，呼吸器处有少量油喷出。110 kV 某线 5 ~ 6 号杆塔弧垂导线下方一辆吊车，吊臂与 110 kV 某线 A 相搭接，造成 110 kV 某线 A 相单相接地。

9.2.2　试验情况

9 月 19 日对#2 主变三相分别取油样进行油色谱分析，B 相和 C 相油色谱未见异常，A 相乙炔（中部样本 144.1 μL/L>5 μL/L）和总烃（中部样本 451.8 μL/L>150 μL/L）均超标。根据三比值判断为“102”，表明#2 主变 A 相本体内部发生电弧放电。

现场对#2 主变 A 相开展了绕组连同套管绝缘电阻及吸收比、铁心和夹件绝缘电阻、高压和中压套管介损及电容量、绕组连同套管的介损及电容量、绕组连同套管直流电阻、变比、频响法绕组变形及短路阻抗测试，通过与 2016 年预试数据比对发现以下异常情况：

（1）三侧绕组连同套管绝缘电阻相比上次预试数据有明显下降，降幅 10 倍左右（规程要求不低于上次值的 70%）。

（2）中-高、低及地，低-高、中及地的 $\tan\delta$ 值相比上次明显增长，增幅超过 6 倍（规程要求增量不大于 30%）。

（3）中压绕组连同套管直阻测试值相比上一次增幅规程要求不大于 2%。

（4）高-中（偏差 7.1% ~ 7.36%），高-低（偏差 4.36% ~ 4.60%）及中-低（偏差−2.69%）的变比测试误差均超过标准规定值（额定档±0.5%，其他档位±1%）。

（5）绕组频响测试显示中压侧 Am 相与 Bm、Cm 相的全频段相关系数不满足规程要求（低频段相关系数为 0.51，小于 2.0；中频段相关系数为 0.2，小于 1.0；高频段相关系数为 0.2，小于 0.6），且波峰波谷存在明显位移，其中低频段 0 ~ 10 kHz 区间频率曲线存在反向，中频段（100 ~ 340 kHz）波峰波谷存在明显位移；低压侧 a 相与 b、c 相的全频段相关系数不满足规程要求（低频段相关系数为 0.62，小于 2.0；中频段相关系数为 0.69，小于 1.0；高频段相关系数为 0.2，小于 0.6），波峰波谷同样存在明显位移，低频段 0 ~ 10 kHz 区间频率曲线存在反向。

（6）中-低短路阻抗测试值偏差为−2.875%（规程要求值±1.6%）。

初步推断该主变内部可能存在中压部分绕组匝间或饼短路，中压和低压绕组轻微变形或位移。

根据故障录波，#2 主变第一次跳闸时中压侧 Am 相最大短路电流峰值分别为 7.192 kA 和 8.99 kA（分别对应第一次永久性接地和重合闸），第二次跳闸时中压侧 Am 相最大短路电流峰值为 11.15 kA。

根据厂家计算，该主变中压侧绕组耐受短路电流设计值为 17.485 kA（峰值），因此本次短路电流峰值未达到厂家设计值。

9.2.3 解体检查

（1）中压线圈外表面有明显炭黑痕迹。

（2）线圈整体相对旋转 5°左右，撑条和垫块错位。

（3）线圈底部压板凹陷变形。

（4）该主变线圈排布方式从内向外为：低压、中压、高压及调压绕组，检查发现调压、高压及低压线圈外观检查未见明显异常。

（5）中压绕组下端部第 1 ~ 3 饼往下坍塌、扭曲变形（见图 1.27），第 1 饼与 2 饼外圈在 5 号和 6 号撑条之间存在短路烧熔、断股（见图 1.28 和图 1.29），底部附近发现熔铜和绝缘材料碳化痕迹。

图 1.27　中压绕组底部 1 ~ 3 线饼坍塌、变形

图 1.28　中压绕组底部 1 饼与 2 饼间匝间短路

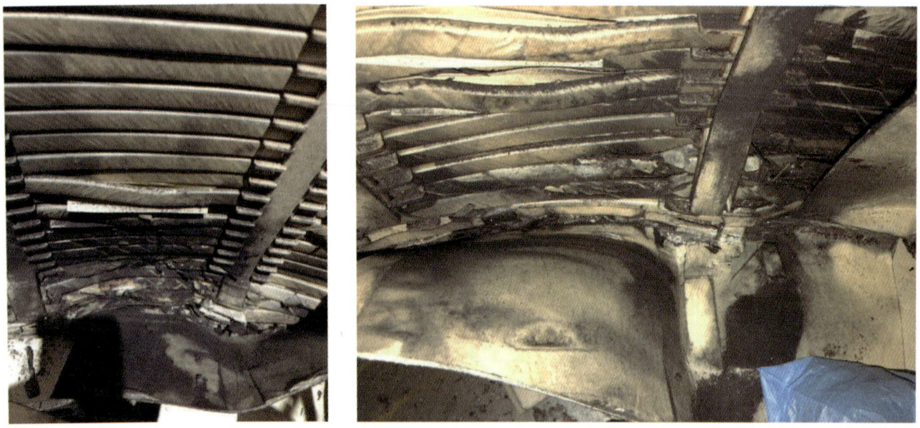

图 1.29　中压绕组第 1 饼与 2 饼外圈在 5 号和 6 号撑条之间存在短路（内圈）

（6）中压绕组中性点引线出线位置“锁紧纸带”受短路冲击力破损，首端引出线线位置“锁紧纸带”完好。

9.3　故障原因分析

9.3.1　跳闸起因

110 kV 某线 5 至 6 号杆塔弧垂导线下方一辆吊车吊臂与线路 A 相（用户侧线路）搭接，造成线路 A 相单相接地故障，引起该线路 I 段动作跳开 176 断路器，且重合闸动作不成功、强送电失败。

9.3.2　重瓦斯动作原因

从主变故障录波数据分析，在 2019 年 9 月 18 日 21 点 20 分，110 kV 某线强送电跳闸后（故障持续时间约 65 ms），220 kV 变电站 220 kV 母线三相电压基本一致且幅值正常（约 131 kV），110 kV 母线电压 A 相比 B、C 相偏低约 1.5 kV（A 相约 61.5 kV，B、C 相约 63 kV，强送跳闸前三相电压基本一致），35 kV 母线电压三相基本一致且幅值正常（约 20.7 kV）。

220 kV #1 主变高压侧三相电流基本一致且幅值正常（约 240 A），110 kV 侧 Bm 相电流比 Am、Cm 相偏低约 50 A（Am 相 500 A，Bm 相 450 A，Cm 相 490 A，强送跳闸前三相电流基本一致均为 400 A），220 kV #2 主变高压侧三相电流基本一致且幅值正常（约 190 A），110 kV 侧 Am 相电流比 Bm、Cm 相偏低 50～100 A（Am 相约 340 A，Bm 相约 430 A，Cm 相约 380 A，强送跳闸前三相电流基本一致均为 340 A），存在电流不平衡回路。

因此，由于跳闸前后主变差流未达到动作值，主变差动及中后备保护应不动作，同时持续 65 ms 未达到主变后备动作延时条件，主变电气量保护正确不动作。从 110 kV 侧 A 相电压下降及 110 kV 电流不平衡回路分析，推测 220 kV #2 主变中压侧 Am 相发生了较少匝的短路，导致主变 110 kV 侧相间电流存在偏差。由于发生匝间短路后短路匝将通过较大电流（在匝间导通，不会通过主变 CT），导致变压器本体局部绕组放电产气，最后引起变压器重瓦斯保护动作（该情况与高压试验及油化试验结果分析相吻合）。

9.3.3 主变故障原因

220 kV 变电站#2 主变故障前系统无过电压等异常工况，110 kV 某线 A 相（用户侧资产）永久性接地、重合闸及强送电造成了 220 kV 变电站#2 主变中压侧 Am 相遭受了多次单相接地短路电流冲击，经查阅故障录波数据，本次发生的短路电流峰值（11.15 kA）未超过厂家提供的本主变设计耐受短路电流峰值（17.485 kA）。综合现场运行、试验检查及返厂解体检查的情况，分析认为本次主变故障原因为：中压绕组中性点引线出头绑扎固定不够牢固，在单相接地故障短路电流冲击力作用下，引起了中压绕组下端部第一饼线圈受力坍塌，造成匝间短路，最终引发故障。

9.4 采取措施

（1）针对在运主变，探索开展主变结构性校核的准确性研究，用以评估厂家提供的主变绕组可耐受短路电流设计值的合理性。

（2）再次对公司在运的所有老旧变压器开展抗短路能力校核，制定针对性措施，严防短路冲击对变压器造成损坏。

（3）根据已收集的近年来 220 kV 变电站#2 主变历年短路信息，结合现有的《电力变压器绕组变形的电抗法检测判断导则》（DL/T 1093—2018）等相关标准要求，开展老旧主变遭受短路电流冲击后的绕组累积效应的研究。

10 雷击导致 220 kV 主变压器三相短路故障

10.1　故障概况

10.1.1　故障前运行方式

某 220 kV 站 1#主变和 2#主变 220 kV 侧并列运行；2#中性点接地。1#、2#主变 35 kV 侧运行于 35kVⅠ、Ⅱ段母线，分段断路器处于热备用。

10.1.2　故障过程描述

6 月 22 日 01 时 26 分 21 秒 418 毫秒，35kV 某线 383 断路器瞬时电流速断保护动作跳闸，切除三相短路故障；01 时 26 分 21 秒 512 毫秒，1#主变第Ⅰ套比率制动差动保护出口；01 时 26 分 21 秒 514 毫秒，1#主变第Ⅱ套比率制动差动保护出口；01 时 26 分 21 秒 565 毫秒，1#主变三侧断路器跳闸；01 时 26 分 27 秒 764 毫秒，35 kV 备自投动作，并合上 35 kV 分段断路器，对 35 kVⅠ段母线送电。

10.1.3　故障设备基本情况

故障变压器型号为 SFSZ10-H-180000/220GY，生产日期为 2008 年 12 月。

10.2　故障检查情况

10.2.1　外观检查

故障后对 35 kV 某线开展全线巡视，发现 35 kV 某线#2 杆 A、B、C 三相绝缘子整串闪络。

10.2.2　试验情况

1. 绕组、套管的绝缘电阻及吸收比试验分析

从绝缘电阻的试验情况来看，除低压绕组 b 相外，其他绕组的绝缘电阻较高，但是高、中压绕组的吸收比不满足大于 1.3（绝缘电阻小于 10 GΩ）的要求。

2. 绕组连同套管的介损及电容量试验分析

从绕组连同套管的介损及电容量试验数据来看，低压 b 相绕组无法加压，可能是低压 b 相绕组对地击穿；高-中、低、地电容测试结果与上次结果相比偏差较小，介损未超过上次试验值的 30%；中-高、低、地的电容量与上次偏差很小，但是介损值超过了上次测验值的 30%，可能为 B 相低压侧损坏后绝缘介质污染所致。

3. 绕组直流电阻试验分析

从直流电阻的测试数据来看，高、中压侧试验结果正常，低压 b 相绕组电阻值偏大，判断 b 相绕组存在异常。

4. 频响法绕组变形测试分析

从主变绕组变形测试的结果来看，在低频段 B 相高、中、低与 A、C 相图谱偏差明显，A、C 相图谱重合较好。判断 B 相高、中、低压绕组可能存在变形或匝间短路。

5. 短路阻抗法绕组变形测试数据分析

短路阻抗法测试表明，高-中测试结果正常，高-低、中-低测试异常。通过纵向分析，故障后中-低测试结果与上次值的偏差为：A 相−0.98%，B 相−7.55%，C 相−1.05%，B 相偏差已超过 DL/T 1093—2008 的要求（标准中注意值为±1.6%）；横向分析，三相横向偏差 7.829%，已超过 DL/T 1093—2008 的要求（标准中注意值为不大于 2%）。因此判断低压 b 相绕组发生变形。

6. 油色谱分析

从色谱数据来看，A、B、C 三相乙炔均超过注意值，A、B 相总烃均超过注意值，B 相的氢气超过注意值。从数值上来看，B 相乙炔和氢气较其他两相数据更高。

10.2.3 解体情况

1. B 相解体检查

（1）B 相整体外观无异常，上铁轭和上部压板上有烧焦的纸屑散落的情况。

（2）B 相低压绕组高度比高、中压绕组高度低 3 ~ 5 mm。

（3）B 相高压、中压及调压绕组外观无异常。

（4）B 相低压绕组三个换位处（上、中、下）均出现线饼倒塌或倾斜现象，其中，中部换位区域三匝线圈有烧损及断股情况，如图 1.30 所示。

图 1.30　B 相低压绕组

（5）B 相低压硬纸筒对应故障部位有挤压破损及烧蚀的现象，如图 1.31 所示；B 相铁心对应故障部位有 3 级存在烧损痕迹，如图 1.32 所示。

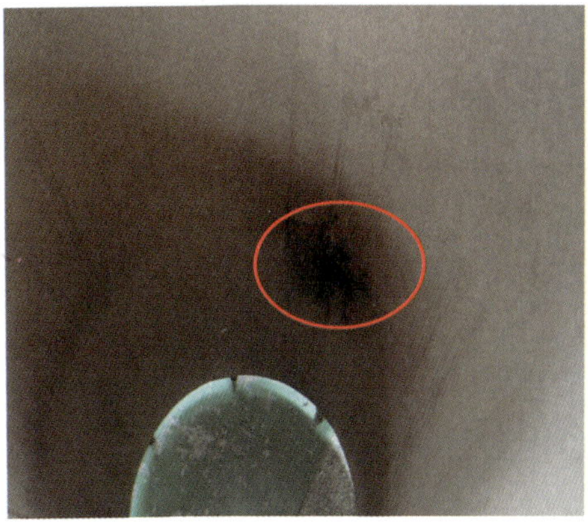

图 1.31　低压硬纸筒损坏

图 1.32　铁心烧损情况

2. A 相解体检查

对 1#主变 A 相进行解体检查，调压、高压、中压及低压绕组未发现明显异常。

10.3　故障原因分析

（1）综合现场试验和内检情况，判断低 b 相压绕组发生变形，且低压 b 相绕组对地绝缘降低；判断 A、C 相油色谱异常为 B 相故障后污染所致。

（2）从返厂解体的情况分析，主变低压 b 相绕组存在匝间短路及对铁心放电的情况，与故障后试验情况吻合；B 相的高压、中压及调压绕组未见明显异常；主变 A 相调压、高压、中压及低压绕组未发现明显异常。

（3）对照解体情况和录波图分析，该故障过程可能为：雷击引起主变低压侧三相短路，持续 65.8 ms 后，故障切除后，A、B、C 三相电压恢复；约 1 个周波后，低压 b 相绕组发生匝间击穿（35 kV 电压波形有跌落及电压波动情况）；匝间短路持续约 2 个周波后，匝间短路位置对铁心放电，之后差动动作，主变跳闸。

（4）综合变压器损坏时短路电流及短路时间、运行中的短路情况及解体检查情况，认为主变抗短路能力不满足运行要求是导致本次故障的根本原因。

11 线路接地故障导致 220 kV 主变压器匝间短路故障

11.1　故障概况

11.1.1　故障前的运行方式

故障前 220 kV#1 主变 10 kV 侧带Ⅰ母负荷，#2 主变 10 kV 带Ⅱ母负荷，#1、#2 主变的 220 kV 侧、110 kV 侧均并列运行，#1 主变变高中性点、变中中性点接地运行。

11.1.2　故障过程描述

8 月 13 日 19 时 26 分 31 秒 59 毫秒，110 kV 某甲线 B 相发生接地故障，75 ms 后，某甲线重合闸成功。19 时 26 分 41 秒 193 毫秒，#1 主变本体重瓦斯保护动作，跳开#1 主变三侧开关，10 kV 母联备自投动作，合上 10 kV 分段 500 开关，10 kV 1M 母线负荷由#2 主变供电，无负荷损失。22 时 41 分，#1 主变转为检修状态。

11.1.3　故障设备基本情况

主变型号：SFSZ7-150000/220，该主变已投运 17 年。

11.2　故障检查情况

11.2.1　外观检查

检查对象包括：#1 主变本体及其附件、#1 主变三侧开关、全站避雷器及其他设备。检查结果如下：

（1）主变本体外观良好，无漏油、喷油情况，散热器、油枕、有载调压分接开关、套管、变油温表、油位表等部件未见异常。主变外部没有存在异物，压力释放阀未见动作。

（2）本体瓦斯继电器存在气体，如图 1.33 所示。

图 1.33　本体瓦斯继电器存在气体

（3）主变三侧开关间隔未发现异常，设备完好。

（4）主变三侧避雷器未发现异常，计数器未动作，设备完好。

（5）站内其他设备未发现异常，设备完好。

11.2.2　试验验证情况

1. 本体油色谱分析

对#1 主变进行油色谱分析。结果表明：氢气、乙炔、总烃均超注意值，三比值故障代码为 102，故障类型判断为电弧放电。

2. 瓦斯继电器气体试验情况

对瓦斯继电器集气盒内气体试验，并按照 DL/T 722—2014 的方法归算出油中溶解气体的理论值。结果表明：氢气、乙炔、总烃均超注意值，故障类型判断同样为电弧放电。油中溶解气体理论值明显超过实测值，表明主变内部存在产生气体较快的故障。

3. 主变常规试验

对主变本体进行绝缘电阻测量、直流电阻测量和绕组变形试验，对套管进行电容量和介损试验。试验结果表明：

（1）本体绝缘电阻良好，与出厂值、交接值相比无劣化迹象。

（2）绕组直流电阻低压侧线间偏差达到三相平均值的 5.68%，超过规定值 1%的要求。将低压绕组直流电阻值折算至各相，计算表明，低压 b 相直流电阻值与出厂值偏差达 8.96%，超过规定值 2%的要求。高压绕组、中压绕组及低压绕组 A、C 相直流电阻结果满足要求。

（3）低压 b 相绕组存在严重变形，变中绕组 Am 相存在轻微变形。

（4）主变变高中性点套管 $\tan\delta$ 达 0.993%，接近临界值。其他套管试验数据正常。

11.2.3　解体检查

1. 吊罩检查

主变放油后吊罩，从外观上全面检查引线、线圈、绝缘件、开关等部件，检查发现 B 相对应铁心上轭存在大量烧蚀的纸屑，B 相压板表面遗留有铜珠和纸屑。箱底遗留有黑色碳化物，大部分集中在器身相对应箱底部位。除上述现象外，其他外观检查未发现异常情况。

2. 解体情况

拆除开关引线、上夹件和上铁轭，分别吊出三相调压、高压和低压线圈进行解体检查。

（1）拆除上夹件时，发现 B 相上部夹件存在过热烧熔痕迹。

（2）绕组采用压钉方式压紧，在拆解过程中发现压板压紧力较小，绕组轴向压紧力不够。

（3）拆除夹件和上铁轭后，发现 B 相压板表面存在大量纸屑、铜珠和低压线圈垫块，如图 1.34 所示。

图 1.34　B 相压板表面

（4）拆除三相绕组端部绝缘，发现低压 b 相线圈的导线严重烧蚀，大部分端部绝缘破损，导线扭曲变形严重，如图 1.35 所示。

图 1.35 低压 b 相绕组端部

（5）分别吊出三相调压、高压、中压和低压线圈，检查发现中压 Bm 相线圈下部 40 饼线严重变形，上部起第 9 饼导线亦存在轻微变形，确定不可修复，如图 1.36 所示。中、高压间其中 2 层软纸筒对应中压线圈线饼变形处产生开裂现象。检查发现低压 b 相线圈外纸筒局部发黑，低压线圈上部约 8 饼线严重过热烧蚀，部分导线出现断股现象；低压 b 相绕组端部线匝发现两处明显放电烧熔点，对应铁心位置同样存在两处放电烧蚀痕迹，疑似电弧放电所致；低压 b 相线圈中部（对应中压线圈变形位置）局部变形，确定不可修复，如图 1.37 所示。低压 b 相线圈下部的托板亦受到污染。外观检查 A、C 相调压线圈、高压线圈、中压线圈和低压线圈，均未发现过热、放电和绝缘损坏等异常现象。

图 1.36 中压 Bm 相绕组变形

图 1.37　低压 b 相绕组断股、烧蚀、下部严重变形

（6）铁心对夹件的绝缘电阻良好，区间绝缘电阻合格；检查铁心与夹件之间、铁心与拉板之间的绝缘，无破损、过热等异常现象。

（7）外观检查所有铁心表面，除 B 相心柱上部靠 A 相侧有两处烧蚀痕迹外（对应 B 相低压绕组端部放电点），其他无过热、变色及放电烧伤痕迹等异常情况，如图 1.38 所示。

图 1.38　铁心烧蚀痕迹

11.3　故障原因分析

结合保护动作情况、试验数据及解体检查情况分析，110 kV 某甲线 B 相发生接地故障，75 ms 后线路重合成功，在此过程中，主变中压 Bm 相绕组流过穿越电流，并在低压绕组感应出非常大的零序电流，低压 b 相绕组承受巨大电动

力。由于绕组抗短路能力不足，中压 Bm 相绕组下部发生严重变形，同时向内挤压低压绕组，导致低压绕组下部也发生变形。同时，低压 b 相绕组由于自身也流过较大电流，绕组端部发生严重变形；绕组变形后低压 b 相绕组匝间绝缘出现破损，且与铁心间绝缘距离缩短，导致#1 主变变低 b 相绝缘发生金属性接地故障。由于绕组变形挤压变压器内部油流，且变低接地故障导致变压器油分解产生气体，加速油流运动。油流运动使中压 Bm 相绕组与铁心绝缘距离增大，金属性接地故障消失。接地故障消失后，变低 b 相电压电流均降低，分析中压 Bm 相绕组已存在匝间短路；匝间短路电流使变压器油不断分解产生气体，气体推动油流冲向瓦斯继电器，导致内部油流速度大于重瓦斯流速整定值，重瓦斯出口跳闸。由于 B 相低压绕组匝间短路流过的短路电流，外部 CT 难以检测，因此差动保护启动但未出口跳闸。

因此，综合分析判断 220 kV 某站#1 主变故障原因为：产品抗短路能力存在不足，在中压侧近区短路流过穿越电流的情况下，绕组发生明显变形，造成匝间短路引起主变跳闸。

11.4 采取的措施

（1）加强该站主变及其他设备运维护及监视。

（2）加强电网运行监控；设备运维部门根据电网方式调整及设备重要度、潮流变化调整运维策略，对重要设备开展特维。

（3）组织对同型号、同厂家、同时期的主变进行抗短路能力核查。

12　110 kV 主变压器接地故障导致匝间短路

12.1　故障概况

12.1.1　故障前运行方式

某 110 kV 站#1 主变、#2 主变分列运行，#1 主变（双绕组）10 kV 侧合上，#2 主变（三绕组）10 kV 侧断开。

12.1.2　故障过程描述

10 月 15 日 10 时 10 分 05 秒 802 毫秒，#2 主变中后备保护零压接地告警启动；10 时 10 分 06 秒 261 毫秒，35 kV JC 线 G377 保护动作，开关跳闸；10 时 10 分 06 秒 265 毫秒，#2 主变差动保护动作，#2 主变高、中压侧 G172、G372 开关跳闸。

12.1.3　故障设备基本情况

主变型号：SFSZ7-31500/110，该主变已投运 22 年。

12.2　故障检查情况

12.2.1　外观检查

监控机及保护显示：#2 主变差动保护动作，跳开 G172、G372 开关，35 kV 母线失压；35 kV 某线 G377 过流 I 段保护动作，重合闸动作，G377、G374 开关在合闸位置。一次设备检查发现，#2 主变 G172、G372 开关在分闸位置，G377、G374 开关在合闸位置，主变本体外观无异常，35 kV 间隔设备无异常，#2 主变 10 kV 侧 C 相避雷器爆炸，爆炸物撒落现场。

12.2.2　试验情况

1. 一次设备检查试验情况

检查#2 主变三侧开关机构检查无异常，传动正常。

检查#2 主变有载调压分接开关及本体瓦斯继电器无气体，压力释放阀无动作，主变本体、套管无损伤。

检查#2 主变各绕组运行档直阻正常，中压对低压绕组绝缘为 1.13 MΩ，绝缘不合格，其他绝缘正常。

对#2 主变开展绕组变形试验，波形三相一致性好，与 2010 年对比一致性良好。

10 月 15 日 13:00，第一次取油样进行油色谱试验，油色谱试验正常；16:00，第二次取油样进行油色谱试验，乙炔含量 3.1 μL/L，其余项目数据正常；10 月 16 日 15:00，第三次取油样进行油色谱试验，乙炔含量 14.23 μL/L，超过标准值（5 μL/L），其余项目数据正常。

2. 二次设备检查试验情况

对#2 主变保护进行试验，差动保护装置采样正确，功能试验正确，整组传动正确，回路绝缘合格；35 kV 某线 G377 保护功能正常，整组传动正确。

12.2.3　解体检查

1. 吊罩检查及试验

（1）解开低压侧三相绕组的首尾连接，分别从低压 a、b、c 相绕组进行测试，低压 a 相对高、中压绕组及地和低压 c 相对高、中压绕组及地绝缘电阻值均合格，发现低压 b 相对高、中压绕组及地绝缘偏低。

（2）利用 5 000 V 兆欧表对单个电容器充电，并对主变中压绕组施加冲击电压，因电容器容量小，冲击电压偏低，未发现异常现象。

（3）将#2 主变中压 Bm 相绕组与中压 Am、Cm 相绕组断开，测量低压 b 相对高、中压 Am、Cm 相及地绝缘电阻数据合格；测量低压 b 相对中压 Bm 相绝缘电阻值低（1.98 MΩ），初步判断故障在中压 Bm 相与低压 b 相绕组之间。

（4）对中压 Bm 相与低压 b 相绕组进行交流耐压试验，最高升压至 3.4 kV，升压过程中变压器 B 相线圈内部有明显的放电声，耐压试验后中压 Bm 对低压 b 相绝缘电阻值降低至 368 kΩ。

2. #2 主变解体检查

检查发现变压器中压线圈 Bm 相有三处凹陷，且一处凹陷较大，在该凹陷处中低压绕组的绝缘纸筒受到破坏，有明显放电痕迹；低压 b 相绕组第 4 档，第 62 段线匝有放电烧损现象；中压 Am、Cm 相绕组有不同程度形变和轻微位移。如图 1.39、图 1.40 和图 1.41 所示。

图 1.39　主变 B 相中低压间绝缘纸筒破损

图 1.40　主变低压 b 相绕组

图 1.41　主变中压 Bm 绕组凹陷图片

12.3　故障原因分析

1. 直接原因

该站 35 kV 某线 G377 线路 A 相发生接地故障，#2 主变 35 kV 侧 B、C 相及中性点电压升高，B 相中低压绕组间绝缘击穿，形成 35 kV 系统 A 相（35 kV 鸡穿线）与 10 kV 系统 C 相（#2 主变 10 kV 侧避雷器）之间的复合接地短路，从而导致主变差动保护及 G377 线过流 I 段保护动作跳闸。

2. 间接原因

该变压器于 1991 年 3 月投入运行，受限于当时的设计及制造水平，幅向抗短路能力不足，同时在日常运行中受线路故障电流冲击，短路电流电动力的累积效应导致主变内凹变形，损伤硬纸筒绝缘，造成绝缘薄弱点。

12.4 应采取的措施

（1）组织设备状态评价及风险评估，规范管理设备运检工作，提高设备运维管理水平。

（2）做好 110 kV 及以上变压器受短路电流冲击影响的统计和分析工作，制定主变差异化运维策略。

（3）对运行超过 15 年主变进行预防性绕组变形测试试验。

第 2 章　变压器线圈内部绝缘故障

1 500 kV 主变压器金属异物侵入引发内部绝缘放电故障

1.1 故障情况说明

1.1.1 故障基本情况

4 月 22 日 23:48，某变电站 500 kV #3 主变差动保护、重瓦斯保护动作跳闸。现场检查发现主变 B 相本体油箱有裂纹，有渗漏油现象，高压侧套管外瓷套破裂。

1.1.2 故障过程描述

根据 SER 记录，#3 主变保护屏均显示保护动作，主 1、主 2 保护比率差动和差动速断保护动作，主 3 本体重瓦斯和压力释放动作。具体时序如图 2.1 所示。

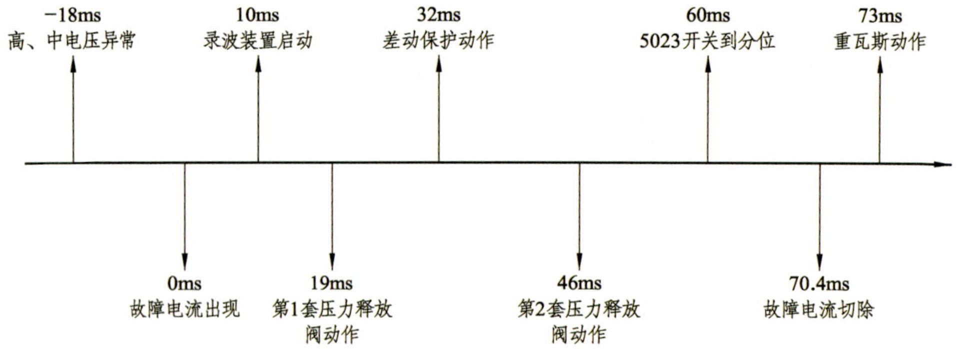

图 2.1 主变保护动作时序图

1.1.3 故障设备基本情况

故障变压器为某公司生产的强迫油循环风冷单相无载调压自耦变压器，型号为 ODFPS-334000/500。接线方式为高压中部出线，串联线圈与公共线圈串联后接中性点套管，公共线圈与调压线圈串联后接中压套管。变压器出厂日期为 2007 年 1 月，投运日期为 2007 年 8 月 10 日，绕组联结示意图如图 2.2 所示。

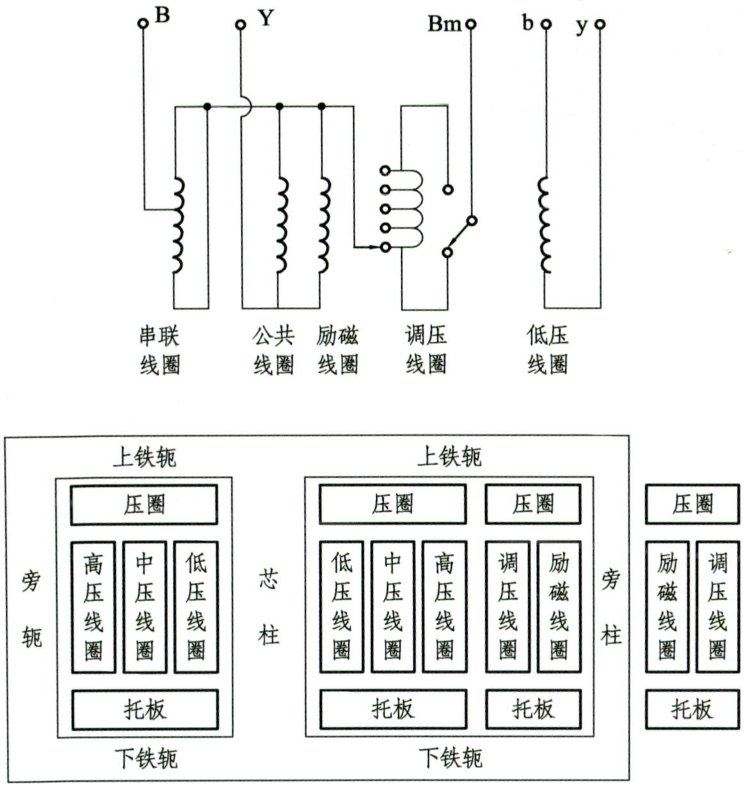

图 2.2　绕组联结示意图

1.2　故障检查情况

1.2.1　外观检查情况

现场检查发现，故障变压器四侧端角油箱壁连接处外壳开裂，绝缘油泄漏，其中靠近中压侧套管端角箱壁裂纹约 15 cm；靠近中性点侧套管端角箱壁裂纹约 8 cm；靠近高压侧套管端角箱壁裂纹约 1 cm。

高压侧套管瓷瓶大面积破损，碎落的瓷瓶集中于主变底端与高压侧套管升高座附近，未伤及周边设备；两侧散热器倾斜（见图 2.3）；油流指示器管道有裂纹（见图 2.4 和图 2.5）。

图 2.3　高压侧套管瓷瓶破损和散热器倾斜情况

图 2.4　油箱壁连接处开裂

图 2.5　油流指示器管道裂纹

1.2.2　解体检查情况

5 月 12 至 13 日，对故障变压器进行吊罩解体检查，检查情况如下：

（1）油箱内壁中压出线侧磁屏蔽纸板散落，内壁有大量炭黑痕迹；高压出线侧磁屏蔽整体较完整。油箱内部未发现明显的电弧痕迹，未发现接地点，如图 2.6 所示。

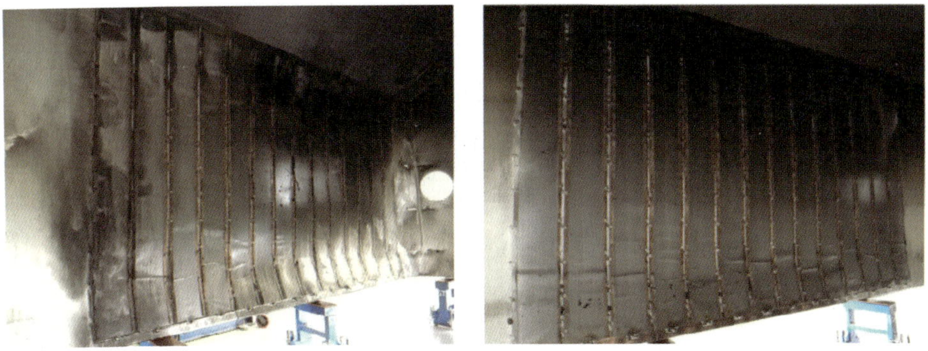

图 2.6　油箱内部磁屏蔽

（2）串联绕组损毁集中在中心线对称 5 档，为热油或火烧痕迹（上下部匝绝缘表面炭黑擦除后内部绝缘完好）。从下往上第 51 和 52 线饼有匝间短路及断线现象，上静电板向上鼓起。串联绕组内侧中部相同位置处受损严重，导线向内凸出，如图 2.7 和图 2.8 所示。

图 2.7　串联绕组外观

图 2.8　串联绕组局部破坏情况

（3）公共绕组外侧围屏明显破裂，如图 2.9 所示。

图 2.9　公共绕组及围屏吊芯破裂明显

（4）公共绕组受损较串联绕组更为严重。中下部绕组出现大面积匝间短路和断线现象，损毁线圈集中在从下往上第 1 ~ 41 线饼范围内，且沿圆周方向（3/4 圆周）均有破损，如图 2.10 所示。

图 2.10　公共绕组整体受损外观

（5）公共绕组故障区域导线断股、变形严重，如图 2.11 所示。

图 2.11　公共绕组局部破坏情况

1.3　故障原因分析

根据解体检查结果，3#主变 B 相主要有三个区域受损最为严重，三个受损严重位置分别为（见图 2.12）：

（1）高压绕组第 51 饼和第 52 饼发生匝间或饼间短路、断股。

（2）高压绕组和中压绕组之间中部主绝缘发生贯穿击穿，绝缘纸筒全部受损。

（3）中压绕组第 1～41 饼发生大面积匝间短路和断股。

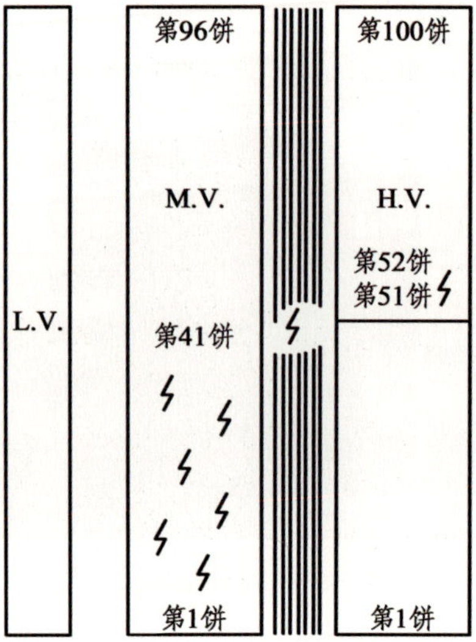

图 2.12　绕组布置与受损严重位置示意图

结合录波图电压、电流波形图变化，分析故障从起始到切除的三个阶段（见图 2.13）：

阶段 1：绕组饼间或匝间短路引起高压电压跌落和中压电压抬升；

阶段 2：故障发展击穿高、中绕组主绝缘，故障电流出现；

阶段 3：故障贯穿中压绕组。

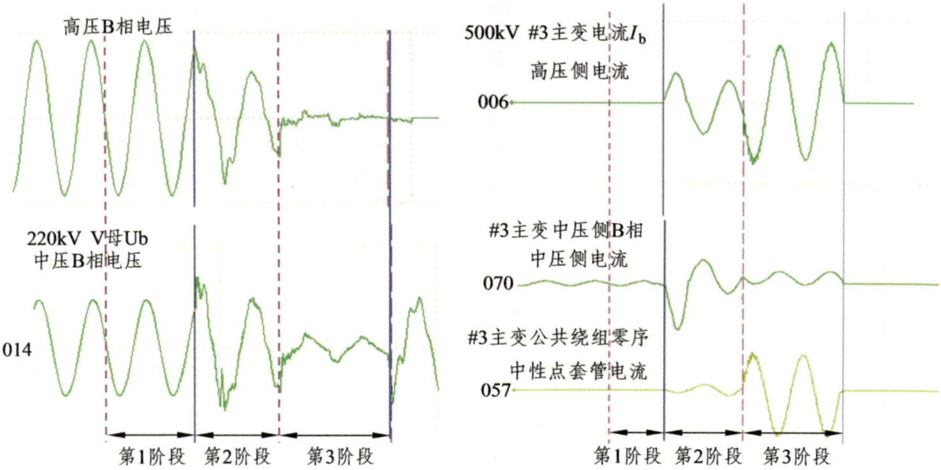

图 2.13　三阶段高、中电压及电流录波

对于匝间或饼间短路的起因，根据故障前运维情况可排除外部过电压引发，根据现场解体现象及专家判断，可排除绝缘受潮老化的影响。具体分析如下：

原因 1：外部因素引起过电压，对变压器绝缘产生损伤。

经过现场运行检查，故障前一段时间内高、中压侧避雷器未动作，且历史运行油色谱数据均正常（小于 1 μL/L，且无增长趋势），因此，外部过电压引起的可能性不大。

原因 2：变压器绝缘受潮、老化，绝缘性能下降。

#3 B 相主变故障前一个月开展了进箱检查，为防止变压器受潮，开展了相关措施，主要内容如下：

（1）保持器身干燥，减少器身暴露时间。在排油过程中使用干燥空气发生器从呼吸器法兰处向油箱内充入露点低于-40 °C 的干燥空气。在拆卸及进入变压器内部进行检查时，应不断输入干燥空气，保证变压器内部空气相对湿度小于 80%。检查完成后应及时对变压器抽真空，保证器身暴露在空气中的时间不超过 8 h。

（2）控制抽真空工艺。真空度达到 90 Pa 以下后，关闭真空泵，测定真空的泄漏量 30 min/10 Pa。

（3）开展油样试验。变压器检修后开展了色谱、耐压（86.9 kV）、微水试验（5.07 mg/L），结果均正常。

（4）根据现场检查结果，放电相关位置未发现明显受潮痕迹。

此外，变压器复电前重新开展了交接试验，试验结果均合格。因此，绝缘受潮可能性较低。

综合上述分析认为变压器存在内部异物并随油流入高电场区域引起变压器故障的可能性较高。故障变压器故障前一个月检修时发现油流指示器有损坏磨损情况，推测异物可能来源于油流指示器磨损掉落的金属杂质。

如图 2.14 所示为完好油流指示器和现场检查发现有磨损的油流指示器，可看出老旧的油流指示器已有部分磨损，磨损金属杂质有可能随油流进入绕组区域。此外，结合以往经验与案例，不排除变压器长期运行后油箱内产生其他异物杂质情况，例如油中管道锈蚀、油泥等。

通过以上分析，故障原因可能为：变压器内部有杂质（如油流指示器磨损产生的金属异物等）随油流进入高电场区域发生击穿。

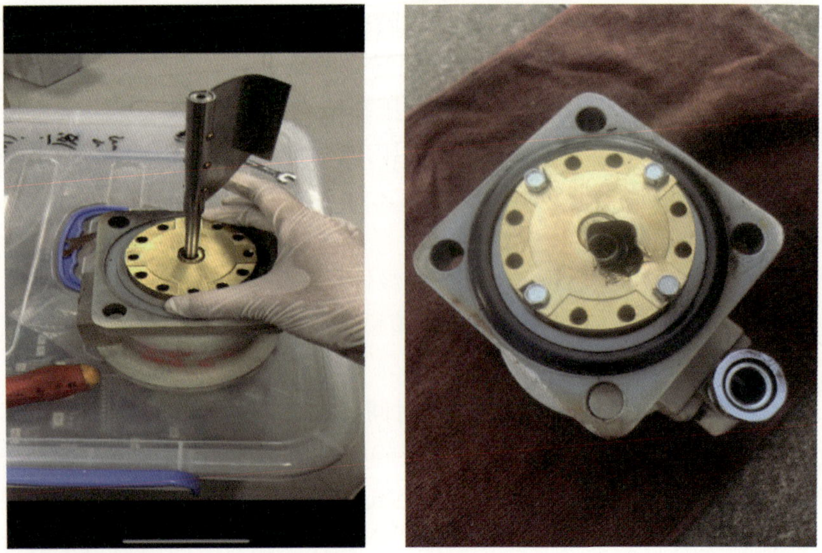

图 2.14　新旧油流指示器对比

2　500 kV 主变压器绕组换位绝缘失效引发内部绝缘放电故障

2.1　故障情况说明

2.1.1　故障基本情况

6 月 21 日 15 时 06 分 14 秒，某 500 kV 变电站#2 主变故障，主-差动保护动作及主变三侧开关动作，A 相油压突变报警动作，A 相本体压力释放、本体重瓦斯、轻瓦斯相继动作。#2 主变 A 相故障当天天气晴，雷电定位系统查询无雷击记录，主变避雷器无动作记录，故障主变无操作和作业。跳闸后，负荷由#3 主变转供，无负荷损失。故障前，分接开关档位位于第 3 档（额定分接），#2 主变中性点经小电抗接地。

2.1.2　故障过程描述

根据 SER 记录与录波图，保护动作具体时序如图 2.15 所示。

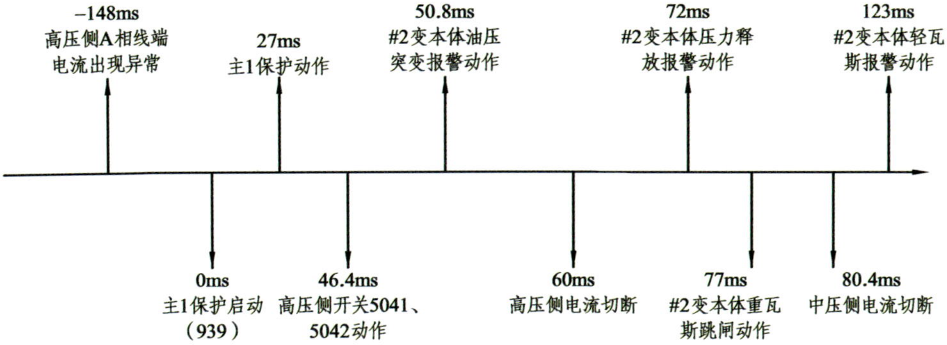

图 2.15　主变保护动作时序图

保护启动前 148 ms，录波发现高压侧 A 相线端电流出现异常：

（1）15:06：14:939 时刻（0 ms），主 1 保护启动；

（2）27 ms 后，主 1 保护动作出口；

（3）46.4 ms，高压侧开关 5041、5042 动作；

（4）50.8 ms，#2 变本体油压突变报警动作；
（5）60 ms，高压侧电流切断；
（6）72 ms，#2 变本体压力释放报警动作；
（7）77 ms，#2 变本体重瓦斯跳闸动作；
（8）80.4 ms，中压侧电流切断；
（9）123 ms，#2 变本体轻瓦斯报警动作。

2.1.3 故障设备基本情况

故障变压器为某公司生产的 ONAN/ONAF 油浸自冷无载调压自耦变压器，型号为 ODFS-334000/500。接线方式为高压端中部出线，串联线圈与调压线圈、公共线圈串联后接中性点套管，公共线圈与调压线圈串联后接中压套管。变压器出厂日期为 2015 年 7 月，投运日期为 2016 年 12 月，绕组联结示意图如图 2.16 所示。

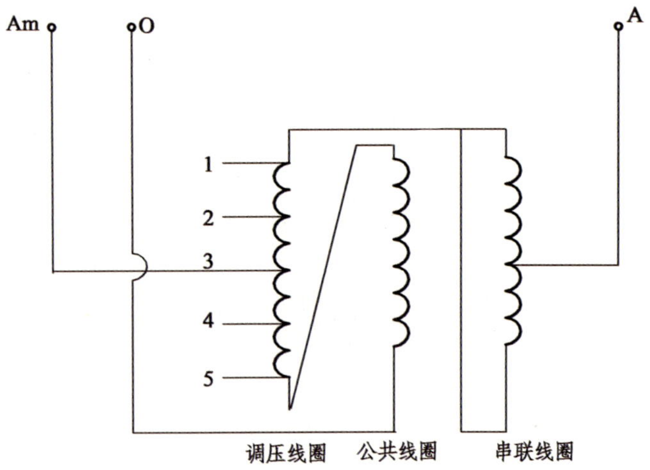

图 2.16 绕组联结示意图

2.2 故障检查情况

2.2.1 外观检查情况

现场检查#2 主变 A 相变高套管瓷瓶破损、器身多处可见油迹，主变油温表壳、调压开关把手振动脱落，主变油枕油位正常，如图 2.17 所示。

图 2.17 现场外观检查情况

主变 A 相本体油色谱氢气（3 928 μL/L）、乙炔（614 μL/L）及总烃（1 871 μL/L）含量均超标，三比值编码为 112，故障类别为电弧放电，油样如图 2.18 所示。

图 2.18 油样

A 相因高压套管瓷瓶破裂存在断裂风险而无法开展常规电气试验。

2.2.2 解体检查情况

返厂解体后，主变油箱未见放电痕迹，主变上压板与垫块发生位移，上压板附着大量碳渍。高压出线处围屏炸开，串联绕组下托板错位、外部围屏变形。上铁轭上表面、下铁轭上表面可见明显烧蚀痕迹，如图 2.19 所示。

图 2.19 线圈、铁轭表面检查情况

串联绕组内侧下部（近旁轭处）发现大面积碳化烧蚀痕迹，对应位置内围屏局部烧损；串联绕组内侧下部（近旁轭处）S 弯处相邻线匝部分导线熔断；匝间短路区域线饼导线扭曲变形；串联绕组正下方下铁轭主级可见明显电弧烧蚀痕迹，附近托板烧损，托板上存在烧断的铜线和铜熔珠，如图 2.20 所示。

图 2.20 串联线圈损毁情况

公共绕组外围屏存在局部碳化烧损痕迹，与串联绕组内围屏烧损位置对应。绕组整体逆时针旋转，局部导线纸绝缘破损。

低压绕组和调压绕组未见明显异常。

2.3 故障原因分析

结合故障录波图及返厂解体检查情况，故障起始点为串联绕组内侧下部（近旁轭处）绕组换位 S 弯处，该处发生匝间短路且不断发展为对下铁轭主级短路，造成铁轭多处产生电弧烧损痕迹。放电故障导致主变产生较大幅度振动和油流涌动，振动使主变套管瓷瓶破损、油温表壳脱落，油流涌动使主变本体重瓦斯、压力释放动作。经现场专家、运维单位、厂家分析讨论，一致认为故障根本原因为 S 弯处匝绝缘工艺处理控制不严。

3 500 kV 主变压器内部绝缘放电故障

3.1 故障情况说明

3.1.1 故障基本情况

6 月 25 日 21 点 53 分，500 kV 某变电站在执行#1 主变复电操作过程中，合上#1 主变 500 kV 侧 5021 开关对变压器充电时，充电不成功，5021 开关跳开。现场检查#1B 主变 C 相 220 kV 套管瓷片脱落，瓦斯继电器有喷油现象，主变本体有开裂痕迹，加强筋处出现多处裂口。

3.1.2 故障过程描述

6 月 25 日 21 时 53 分 04 秒，500 kV 某变电站#1 主变由 5021 开关充电，约 4 900 ms 后 C 相变压器发生故障，5021 开关跳开，#1 主变电气量保护 1、电气量保护 2、非电气量保护正确动作，如图 2.21 所示。

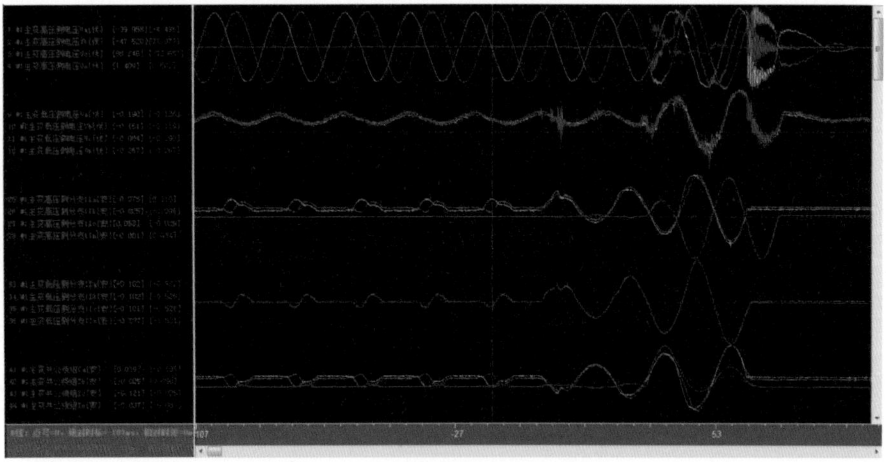

图 2.21 故障发生时刻录波图

故障录波显示：合上 5021 开关 4 884 ms 后，通过串联绕组的最大短路电流为 24 kA（有效值），持续时间 40 ms，此前 29 ms 故障电流有缓慢增长，幅值最大为 1.45 kA（有效值）。

3.1.3　故障设备基本情况

故障变压器为某公司生产，2009 年 6 月投运，主变绕组排列结构如图 2.22 所示。

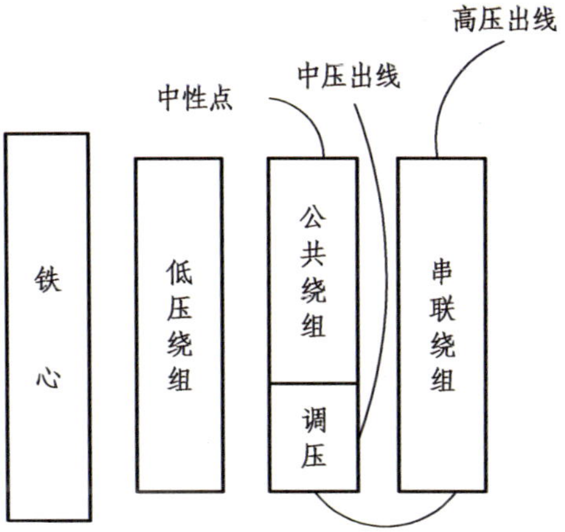

图 2.22　主变绕组结构图

3.1.4　外观检查情况

现场检查发现 1#主变 C 相 220 kV 套管瓷套脱落，如图 2.23 所示，瓷片散落在油箱和油池地上，瓦斯继电器有喷油现象，主变本体加强筋开裂，如图 2.24 所示。压力释放阀信号节点动作，但没有喷油现象，本体瓦斯继电器玻璃窗碎裂。220 kV 套管末屏完好，如图 2.25 所示。

图 2.23　主变 220 kV 套管外瓷套脱落

图 2.24 主变油箱加强筋裂开

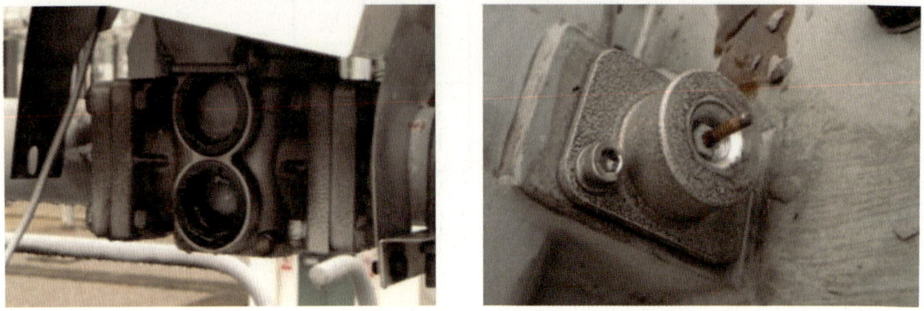

图 2.25 主变气体继电器与套管末屏端子

3.1.5 进箱检查情况

进箱检查发现中压套管和均压球完好，调压引线有明显电弧灼烧痕迹和断股现象，连接头绝缘烧毁，调压引线支架有部分倒塌，支架胶木螺杆多根断裂，引线侧高压线圈围屏烧毁，油箱壁有多处放电点，如图 2.26 所示。

在串联线圈的上部＃27～＃28 饼间外径侧、＃43～＃44 饼间外径侧有放电痕迹；在串联线圈的＃25～#26 内径侧线饼烧损严重，线段有断线现象；在串联线圈上、下部＃1 线饼内径侧有烧损痕迹。

调压线圈连接至无励磁分接开关的引线（布置在低压侧）倒向油箱，该部位引线的固定支撑件下部断裂且掉落在油箱底部；在倒向油箱的调压引线连接端子以及部分电缆裸露，并在端子上有电弧灼伤的痕迹；对应的油箱内壁存在大面积的放电痕迹，该部位油箱向外有明显变形。调压线圈线段变形严重，线圈支撑筒部分位置向内变形，线段高度方向的中间部位局部筒破损，存在对低压线圈放电的痕迹。

图 2.26　进箱检查情况

3.1.6　试验验证情况

6 月 27 日下午，对受损变压器开展了绕组直流电阻测试以及变比测试，具体数据如表 2.1 和 2.2 所示。

表 2.1　#1 主变 C 相绕组连同套管直流电阻

绕组	高压绕组	中压绕组	低压绕组
测试值 26 °C/mΩ	257.3	75.32	9.572
测试值折算到 75 °C/mΩ	306.8	89.80	11.42
出厂值折算到 75 °C/mΩ	195.6	91.77	10.84

表 2.2　#1 主变 C 相绕组连同套管直流电阻趋势对比（均换算至 75 °C）

项目	高压-中压	高压-低压
设计值	2.283	8.42
测试值	3.25	17.62

串联绕组的直流电阻从 195.6 mΩ 升高至 306.8 mΩ，变化 56.85%；公共绕组的直流电阻实测值为 91.77 mΩ（出厂值为 89.80 mΩ），低压绕组的直流电阻实测值为 11.42 mΩ（出厂值为 10.84 mΩ），变化均不明显（以上电阻均折算至 75 °C）；高压、中压绕组绝缘电阻为零。

3.2 故障过程及原因分析

根据现场解体检查情况，结合故障录波波形记录，经专家讨论确定故障原因为绕组匝间短路，造成局部绝缘油分解，产生的冲击力造成 A 柱调压引线夹持架垮塌，引起调压引线对箱体内壁放电，故障从匝间短路发展为对地短路。因绕组流过极大的短路电流，造成串联、调压、低压绕组变形，多处绕组绝缘损伤。

第 3 章　变压器套管故障

1 220 kV 变压器套管裂纹故障

1.1 故障情况说明

1.1.1 故障前运行方式

220 kV 母线并列运行，110 kV 母线并列运行，10 kV 母线分列运行。故障前，#2 主变运行在 5 档。

1.1.2 故障过程描述

10 时 32 分，#2 主变差动保护动作、本体重瓦斯保护动作，跳开主变三侧开关，同时压力释放阀动作，变压器油箱喷油。

1.1.3 故障设备基本情况

故障变压器型号为 SSZ11-180000/220，2017 年投运。中压侧套管型号为 BRDLW-126/1250-4。

1.2 故障检查情况

1.2.1 外观检查情况

#2 主变油枕油位降至零，瓦斯继电器中有约 400 mL 的气体，主变压力释放阀动作，如图 3.1 所示。

主变变高三相套管法兰均有移位，中压三相及中性点套管瓷套有明显移位，如图 3.2 所示，其中 B 相套管移位最严重，靠近法兰位置有绝缘纸露出。中压 Bm 相套管油位为零。

现场吊检发现，中压 Bm 相套管下瓷套碎裂并掉进油箱内，裸露出电容芯子。吊出套管，检查发现 CT 筒下部外边沿存在两处放电点，如图 3.3 所示。卷制管、底座、均压球对应位置各存在两处放电点，套管末屏下端存在两处放电点，如图 3.4 所示。

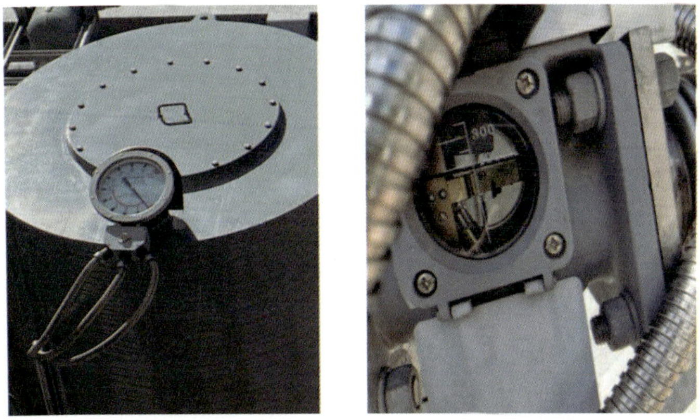

图 3.1　主变油枕油位与瓦斯继电器内 400 mL 气体

图 3.2　中压 Bm 相套管瓷瓶移位及法兰处电容屏纸损坏

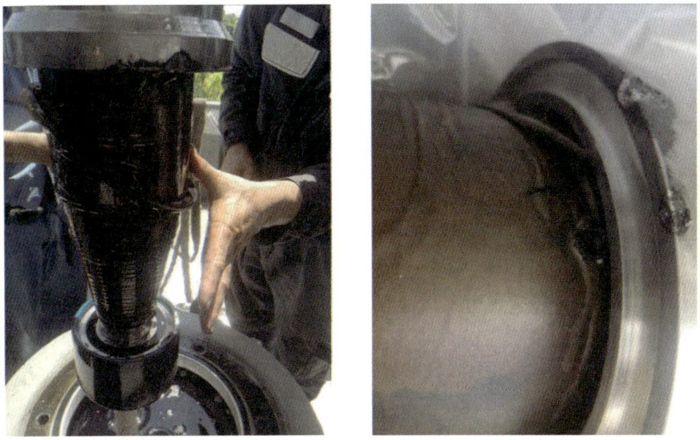

图 3.3　中压 Bm 相套管下瓷套与 CT 筒下边沿放电点

图 3.4 卷制管、底座、均压球放电点

套管顶部密封未见进水痕迹，定位销向下弯曲，套管末屏未见放电痕迹，如图 3.5 所示。

图 3.5 顶部电容屏绝缘纸损坏及定位销向下弯曲

1.2.2 试验验证情况

故障后，对#2 变压器及套管进行试验检查。中压 Bm 相套管无法升压，介损及电容量未能测试。主变油色谱显示总烃、C_2H_2、H_2 含量超过注意值（C_2H_2：238 μL/L，总烃：612 μL/L，H_2：1 424 μL/L），对应三比值编码为 102，故障类型为电弧放电。主变直流电阻、绕组变形、介损等试验无异常。

1.2.3 解体检查情况

故障套管返厂后进行了解体检查，检查情况如下：下瓷套外表面和内表面瓷釉有电弧烧蚀变色痕迹，其中瓷套下部靠近均压球位置烧损最为严重，如图 3.6 所示。对下瓷套拼接后，可见沿着瓷套裂纹存在一条贯穿瓷套两端的碳化通道。

图 3.6　下瓷套外表面瓷釉被电弧烧蚀变色

套管 CT 筒下部外边沿、底座、卷制管存在多处放电点。CT 托板下端面及升高座箱壁各存在一处放电点，如图 3.7 所示。

图 3.7　卷制管、底座、均压球对应位置放电点

套管下瓷套部分裸露的电容芯整体完好，最外层绝缘纸局部熏黑。套管零屏与末屏间主绝缘良好，现场测试电容量和介损结果正常。

对主变吊芯检查，主变油箱顶部中压 Bm 相位置有熏黑痕迹，中压 Bm 相引线绝缘支架存在一处断裂，梯级木存在位移，B 相绕组上压板存在位移，主变本体线圈无明显异常，如图 3.8 所示。

图 3.8　油箱顶部熏黑痕迹与中压 Bm 相引线绝缘支架断裂

1.2.4　故障原因分析

经现场解体检查与专家分析讨论，认为故障原因可能为：#2 主变中压 Bm 相套管下边沿（靠近均压球处）可能存在裂纹等缺陷，在运行中发生局部放电，放电造成绝缘油污染并产生向上的气流，形成放电“小桥”，造成均压球及内部金属件对 CT 筒外边沿、CT 托板下端面、升高座内壁及最末电容屏下边沿放电，导致中压 Bm 相套管接地故障，引起差动保护动作，电弧产生的爆炸力及故障电流的电动力导致下瓷瓶碎裂掉入油箱内部，中压 Am、Cm 相套管瓷套移位及相关部件受损，并引起油流涌动、轻重瓦斯及压力释放阀动作，其放电路径如图 3.9 所示。

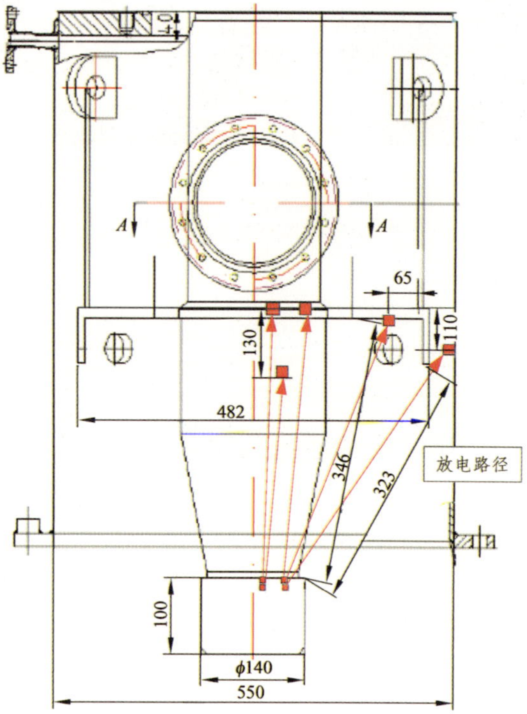

图 3.9　放电路径示意图

2 套管密封不良导致主变压器级间短路故障

2.1 故障情况说明

2.1.1 故障前运行方式

220 kV 系统 1M、2M 母线并列运行，母联开关运行；110 kV 系统 1M ~ 5M 与 2M ~ 6M 母线并列运行；10 kV 系统#1 主变 5501 开关供 10 kV 1M 母线运行，#2 主变 552 A 开关供 10 kV 2M 母线运行；#1 主变变高中性点经隔直装置接地运行、变中中性点直接接地运行，#2 主变变高、变中中性点经间隙接地运行；220 kV 备自投投入，安稳装置投入；10 kV #1 分段备自投投入。

2.1.2 故障过程描述

14 时 55 分 15 秒，#2 主变差动保护动作，跳开三侧开关，轻瓦斯发信，重瓦斯动作；10 kV 备自投动作，#2 主变负荷转由#1 主变供电，无负荷损失。故障发生前两天，有台风暴雨天气。

2.1.3 故障设备基本情况

故障变压器型号为 SFSZ9-240000/220，2006 年投运。高压侧套管为穿缆式套管，型号为 BRDLW1-252/1250-3。

2.2 故障检查情况

2.2.1 外观检查情况

现场检查发现，主变本体油箱完好，未见明显变形，本体瓦斯继电器存在气体。现场拆除#2 主变高压侧套管过程中，发现 A 相套管电缆头导杆上有大量水珠，A 相套管顶套内壁发黑，存在明显锈蚀情况。拆除 B 相套管过程中，撬开顶套，可见大量油水混合物漏出，顶套内部存在明显锈蚀及水痕现象。进一步检查套管顶套内的密封圈，发现密封圈与顶套开孔基本平齐，密封圈已变形，且失去弹性，如图 3.10 所示。

图 3.10　套管顶部油水混合物、套管顶套内部锈蚀、密封圈变形

主变排油后，打开油箱上部检修孔发现：高压 B 相调压线圈上端部出头引线绝缘包裹崩开，在靠近铁轭一侧的包裹绝缘纸发黑，解开绝缘包裹后检查发现调压线圈出头引线间存在放电现象。调压线圈出线及器身上压板存在碳化绝缘纸碎片，如图 3.11 所示。

图 3.11　高压 B 相调压线圈出线绝缘破损现象

2.2.2　试验验证情况

现场对#2 主变本体进行试验测试，发现本体绝缘电阻偏低，乙炔（C_2H_2）含量超注意值，三比值故障编码为 102，故障类型判断为电弧放电。主变直流电阻、电压比、电容量及介损试验结果均正常。套管电容量及介损试验结果正常，主变绕组连同套管的绝缘电阻如表 3.1 所示，主变本体油色谱试验结果如表 3.2 所示。

表 3.1　主变绕组连同套管的绝缘电阻

电阻	$R15''$（35 °C）	$R60''$（35 °C）	$R15''$（20 °C）	$R60''$（20 °C）	吸收比
高-中低地/MΩ	2 430	3 260	4 464	5 989	1.34
中-高低地/MΩ	1 910	2 520	3 509	4 630	1.32
低-高中地/MΩ	1 480	3 220	2 719	5 916	2.18

表 3.2　主变本体油色谱试验结果　　单位：μL/L

H_2	CH_4	C_2H_6	C_2H_4	C_2H_2	CO	CO_2	总烃
38.61	20.42	2.76	10.30	14.70	553	2548	48.59

2.2.3　解体检查情况

故障主变返厂吊芯检查发现，高压 B 相调压线圈引出线绝缘发黑，调压线圈引出线根部有散落的绝缘纸碎片，如图 3.12 所示。

图 3.12　调压线圈出线绝缘发黑

进一步拆除最外层中压线圈，发现调压线圈与外部中压线圈之间的连续两层围屏上均存在疑似水痕，其位置靠近调压线圈引出线，如图 3.13 所示。

图 3.13　围屏上均存在疑似水痕

拆除调压线圈引出线两侧绝缘隔板，可见调压线圈引出线第 4 和第 6 分接间发生绝缘击穿，铜导线裸露可见，如图 3.14 所示。

图 3.14　调压引线击穿

2.2.4　故障原因分析

#2 主变高压 B 相调压线圈出头引线间绝缘击穿是 220 kV #2 主变故障跳闸的直接原因。高压套管头部密封不良、水分进入主变内部，引起调压线圈出头引线绝缘裕度下降，是导致主变故障跳闸的根本原因。高压套管头部进水的原因为：套管在长期运行中，密封胶圈发生老化变形，引起轴向密封不良，潮气入侵套管头部，套管引线受台风作用发生摆动，导致水分沿着套管电缆头进入套管顶套乃至主变内部。

3 套管瓷质不良故障

3.1　故障情况说明

3.1.1　故障前运行方式

220 kV 系统双母线接线方式，#1M，#2M 经母联开关并列运行。110 kV 系统#2M、#6M 经分段开关并列运行。

3.1.2　故障过程描述

17 时 31 分 39 秒，220 kV #3 主变差动保护动作，跳开主变三侧开关，#3 主变轻瓦斯报警，重瓦斯和压力释放阀保护动作。#3 主变负荷转由#2 主变提供，无负荷损失。

3.1.3　故障设备基本情况

故障变压器型号为 SFSZ9-180000/220，2009 年投运。高压侧套管为穿缆式套管，型号为 BRDLW-126/1250-3。

3.2　故障检查情况

3.2.1　外观检查情况

现场检查发现，故障套管油枕与瓷瓶连接位置的密封圈存在偏移与松动漏油等现象，如图 3.15 所示。故障套管瓷瓶完好，无明显裂纹，套管油枕顶部、套管末屏及安装法兰位置光洁，未见明显异常。

拆除套管法兰紧固螺栓，吊出套管，可见套管下瓷套已完全炸裂，电容屏绝缘纸碳化，并存在沿均压球至 CT 筒的电弧灼烧痕迹。套管均压球上存在大面积电弧烧蚀痕迹，可见明显“凹坑”，如图 3.16 所示。

图 3.15　套管油枕与瓷瓶连接位置松动偏移

图 3.16　套管下瓷套损坏情况

3.2.2　试验检查情况

由于故障相套管无法进行试验检查，因此对非故障相套管进行电容、介损测量、高电压介损试验、交流耐压试验、局部放电试验、频域介电谱测量及油色谱分析，试验过程无异常，结果合格。

为验证套管的雷电冲击耐受能力，对非故障相套管进行雷电冲击试验，经 268 kV（5 次）、468 kV（5 次）、550 kV（5 次）、660 kV（2 次）、770 kV（1 次）雷电冲击，套管电容量和介损、油色谱结果无异常。试验后，对非故障相套管解体分析，未见异常，如图 3.17 所示。

图 3.17 非故障相套管试验

3.2.3 解体检查情况

对故障相套管进行解体检查，拆除故障套管顶部盖板，可见套管顶套与穿缆导电头之间采用两道丁腈密封胶圈，第一道密封胶圈已硬化变形，如图 3.18 所示。

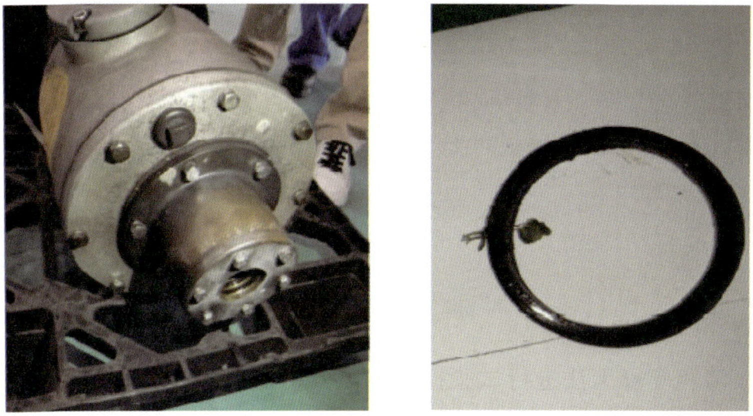

图 3.18 套管顶部光洁且第一道密封圈硬化变形

拆除顶套，可见顶套与油枕之间密封圈完好，密封面部分已氧化发色，但顶套内部光滑无进水锈蚀痕迹。进一步拆除油枕上部取油孔密封盖，取油孔和密封盖均光滑、无进水锈蚀痕迹，如图 3.19 所示。

对电容芯进行解体，套管上部电容屏完好，无电弧灼烧痕迹。铝箔表面光滑，无明显褶皱，绝缘纸表面无异常情况，如图 3.20 所示。

图 3.19　套管顶套密封面、油枕上部取油孔和密封盖光滑无锈蚀痕迹

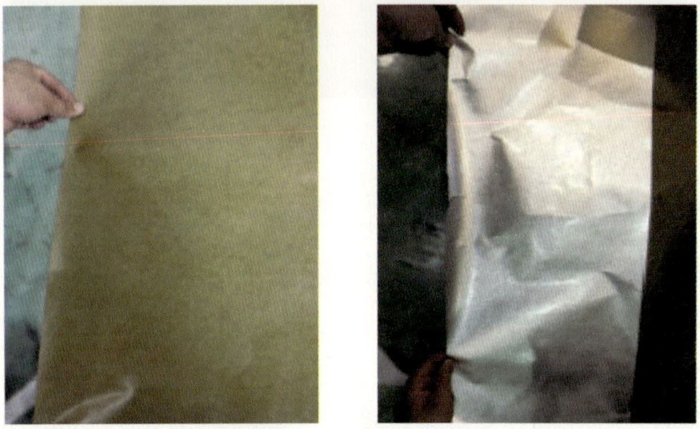

图 3.20　绝缘纸和铝箔未见异常

套管末屏表面完好，未发现异常，内部与电容屏连接的引线受故障瞬间电动力的影响，已被扯断，如图 3.21 所示。

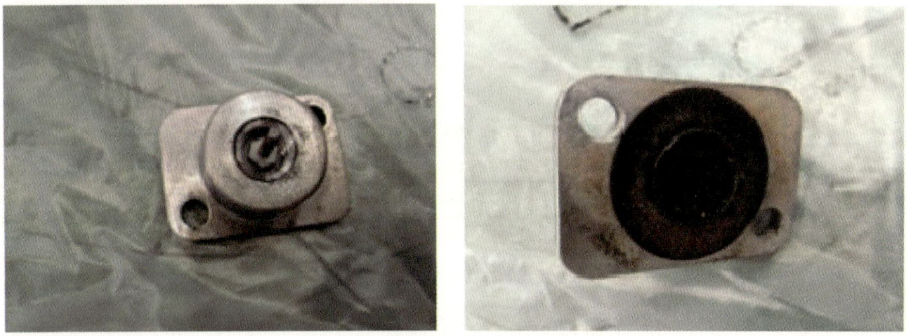

图 3.21　套管末屏无放电点

套管 CT 筒下部可见长度约 2 cm 的电弧灼烧痕迹，同时套管均压球可见大面积电弧烧蚀痕迹（见图 3.22），在套管均压球与 CT 筒之间的电容屏表面可见明显沿面放电痕迹。

图 3.22　套管 CT 筒及均压球处可见电弧灼烧放电点

在工厂车间，对故障变压器进行吊心检查，器身整体情况良好，如图 3.23 所示。

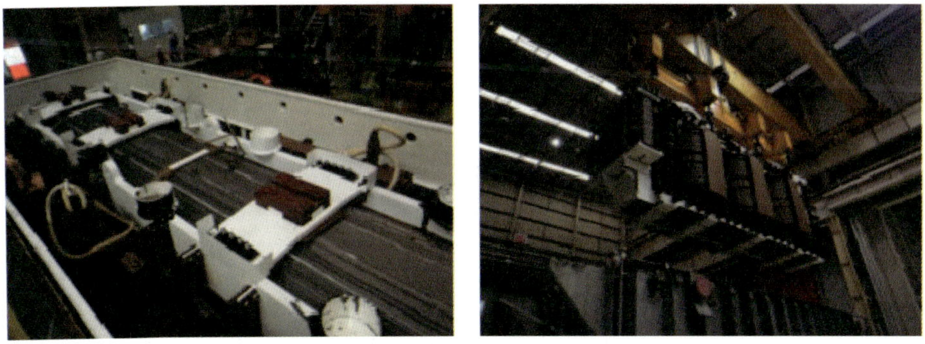

图 3.23　故障变压器吊心检查

在故障套管油中均压球正对的箱壁上发现电弧烧蚀痕迹，与故障套管油中均压球侧面放电痕迹相对应，为一对贯穿性放电点，如图 3.24 所示。

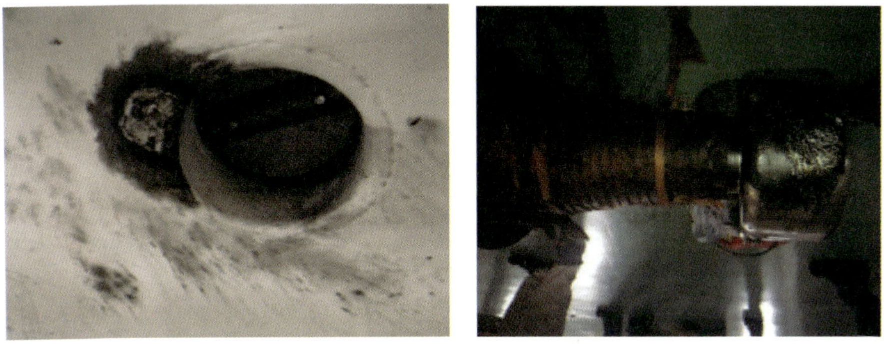

图 3.24　变压器箱壁放电痕迹与均压球侧壁放电痕迹

3.2.4　故障原因分析

引起下瓷套炸裂的原因可能包括以下几种：

（1）套管进水受潮，引起套管绝缘裕度下降。

（2）套管绝缘裕度不足，在雷电过电压作用下发生闪络放电。

（3）套管下瓷套瓷质不良，存在裂纹等缺陷，引起电场畸变，在雷电过电压作用下发生沿瓷瓶内侧的闪络放电。

根据故障相套管解体情况，套管端部没有锈蚀等进水受潮的痕迹。对其他两相完好的套管解体及试验，也没有发现进水受潮的痕迹，证明该型套管密封结构合理耐用，可以排除进水受潮导致故障的可能性。

对同型号、同尺寸的非故障相套管进行雷电冲击试验验证，在经验证 268 kV（5 次）、468 kV（5 次）、550 kV（5 次）、660 kV（2 次）、770 kV（1 次）雷电冲击试验前后，套管电容量和介损、油色谱结果无异常。同时仿真分析结果表明套管绝缘裕度为 1.77。因此，套管承受雷电冲击电压能力满足标准要求，排除了绝缘裕度不足的可能性。

综上认为，套管瓷质不良引起电场畸变，在雷电过电压作用下发生沿下瓷套内壁的沿面放电是#3 主变套管故障的根本原因。套管下瓷套瓷质不良，在装配弹簧压力作用下易产生裂纹，且下瓷套下部易沉积油的分解物，以上两方面均易引起电场畸变。在长期运行电压作用下，裂纹部位存在爬电现象，使套管绝缘强度逐渐下降。在雷电冲击电压作用下，裂纹部位发生更强烈的爬电，导致故障发生。

4 套管导电管断裂故障

4.1 故障情况说明

4.1.1 故障前运行方式

停电检修状态。

4.1.2 故障过程描述

9 时 45 分，运行人员汇报 110 kV #1 主变本体油位异常。

10 时 20 分，现场检查#1 主变 110 kV 侧中性点套管漏油。

10 时 40 分，检修人员到达现场检查汇报#1 主变 110 kV 侧中性点套管瓷瓶与法兰结合面大量漏油，#1 主变 110 kV 侧中性点套管油位为零。

11 时 19 分，现场值班员断开#1 主变 110 kV 侧 101 开关，#1 主变转热备用。

4.1.3 故障设备基本情况

故障变压器型号为 SSZ11-40000/110，2016 年投运。高压侧套管为穿缆式套管，型号为 BRDLW1-72.5/630-4。

4.2 故障检查情况

4.2.1 外观检查情况

检修人员配合值班员对停电后#1 主变漏油点进行检查，发现#1 主变 110 kV 侧中性点套管瓷件与升高座密封面已分离，主变本体油从密封面漏出，如图 3.25 所示。

更换该套管后，重新对主变开展抽真空注油。完成抽真空后对各只套管油位进行全面检查，发现#1 主变 110 kV 侧中性点套管观察孔没有油，如图 3.26 所示。

图 3.25　套管瓷件与升高座密封面已分离

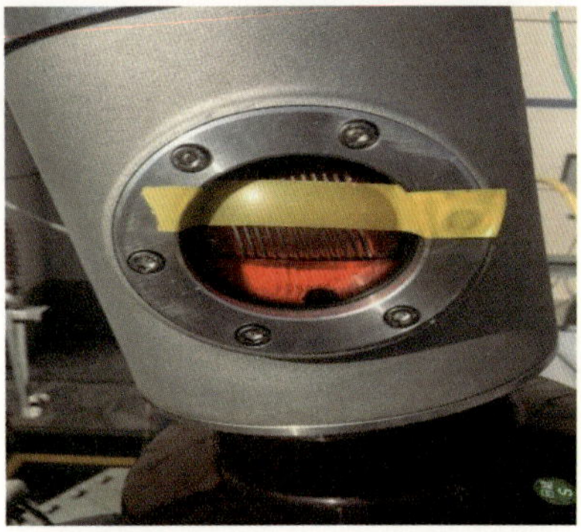

图 3.26　中性点套管观察孔无油

对#1 主变 110 kV 侧中性点套管再次吊出进行检查，发现油从均压球渗出。经检查，均压球上部导电管已断裂，如图 3.27 所示。

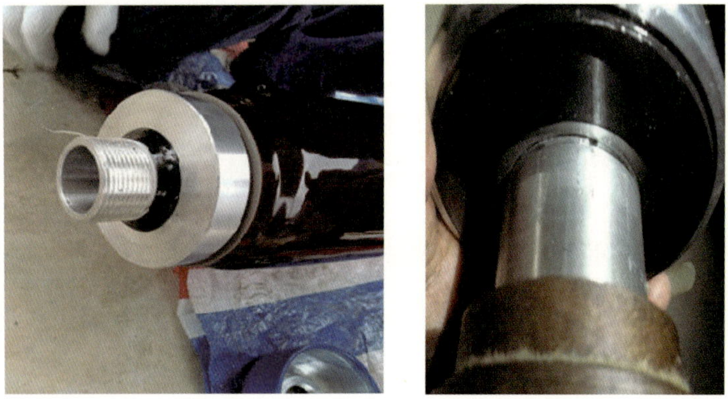

图 3.27　套管导电管断裂

4.2.2　故障原因分析

经与套管厂家调查确认：导电杆设计要求材质为 2A12-T4 铝合金管，规格为直径 46 mm×5.5 mm，端部加工外螺纹 M45×2，弹簧正常的工作压力在 40 ~ 60 kN，作用到导电管螺纹部位最大强度为 128 MPa。合格导电管的抗拉强度不小于 380 MPa，屈服强度不小于 255 MPa。经调查，该厂套管导电管已分别在其他地区发生了 2 起套管中心导管断裂现象，原因与本次故障相同。经检测，断裂导电管在机械性能试验时无明显屈服点，抗拉强度在 260 ~ 300 MPa，化学成分分析显示其材质不是 2A12，而是 5 系或 6 系铝合金。经过以上分析确认，导电管断裂原因为其抗拉强度不满足要求。

5 套管穿缆接头焊接不良导致变压器起火故障

5.1 故障情况说明

5.1.1 故障前运行方式

1 号、2 号主变并列运行，其中 1 号主变带负荷 34 MW，2 号主变带负荷 35 MW。220 kV、110 kV 母线并列运行，2 号主变 220 kV 侧及 110 kV 侧中性点均接地运行。

5.1.2 故障过程描述

6 月 9 日 17 时 45 分，220 kV 某变电站 110 kV 某出线发生 C 相接地故障（持续 1 161 ms），同时间，巡维人员听到站内有爆炸声，现场核实发现#2 主变起火。17 时 53 分，调度断开三侧开关，期间主变差动保护及非电量保护均未动作。17 时 54 分主变本体压力释放阀及有载调压分接开关重瓦斯动作。18 时 35 分，大火导致门型杆及构架烧垮，#2 主变压器 220 kV 侧高跨引线烧断，掉落至 220 kV Ⅰ母线 A、B 相，导致 220 kV 母线保护动作。20 时 30 分，变压器本体明火扑灭。

通过分析，故障过程概括如表 3.3 所示。

表 3.3 故障过程

阶段	相对时间	事项
阶段 1：单相接地故障及主变起火阶段	0 ms	220 kV 主变 110 kV 某出线发生 C 相接地故障
	1 102 ms	接地距离Ⅱ段保护动作
	1 104 ms	零序Ⅱ段保护动作
	1 161 ms	断路器跳闸，线路故障隔离
	—	运行人员在巡维中心办公室楼听到异响
阶段 2：隔离主变及主变内部起火阶段	—	现场核实发现 2 号主变压器有火光及浓烟
	7 min 59 s	断开主变 10 kV 侧、110 kV 侧、220 kV 侧开关
	9 min 8 s	变压器发压力释放动作
	9 min 13 s	变压器调压重瓦斯动作
阶段 3：主变着火扩大阶段	—	220 kV A、B 套母差保护动作，跳开 220 kV Ⅰ母所有开关，A、B 相间故障，110 kV 及 10 kV Ⅰ、Ⅱ母全停

5.1.3 故障设备基本情况

故障变压器型号为 SFS210-150000/220，2004 年投运。高压侧中性点套管为穿缆式套管，型号为 BRDLW1-126/630。

5.2 故障检查情况

5.2.1 外观检查情况

故障主变出线门型架垮塌，各侧套管掉至主变内部，如图 3.28 所示。高压套管油箱侧第二组散热片烧损坍塌，破坏情况最严重，其位置靠近高压侧中性点套管；中压侧套管油箱侧散热片整体受损较轻，如图 3.29 所示。高压侧中性点套管将军帽几乎被烧熔，疑为电弧高温烧蚀；高压侧中性点套管连接穿缆脱落，未找到残留痕迹，如图 3.30 所示。

图 3.28 变压器整体烧损外观

图 3.29　高压侧第二组散热片坍塌、中压侧散热片烧损较轻

图 3.30　高压侧中性点与高压某相套管将军帽对比

5.2.2　解体检查情况

故障主变返厂后解体情况如下：

中压出线侧线圈烧损严重，外侧线圈烧垮，调压引线烧垮，中压侧套管均掉落油箱内，如图 3.31 所示。

图 3.31　主变中压出线侧烧损情况

高压三相及中性点套管均掉入油箱内部，均烧损严重，如图 3.32 示。高压中性点套管穿缆头部出头整体脱落。

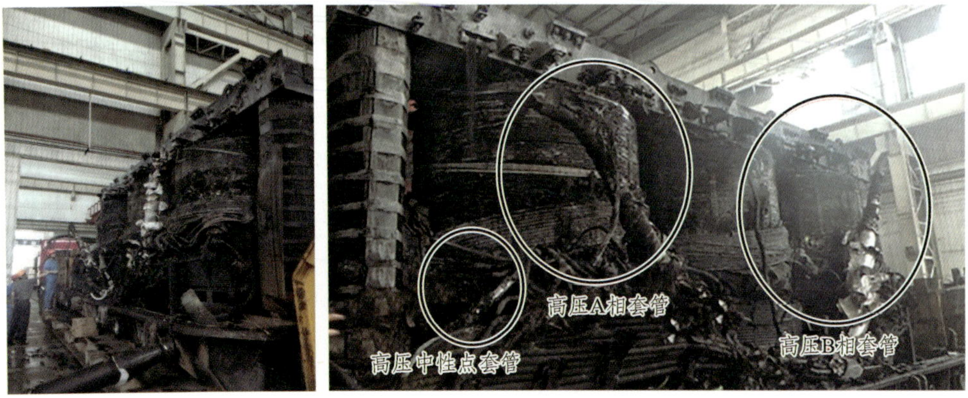

图 3.32　主变高压出线侧烧损情况

5.2.3　故障原因分析

主变起火第一阶段，非电量保护及主变差动保护均未动作，表明故障起始点不在主变内部；且故障隔离至主变转热备用期间，主变高压侧、中压侧三相电流仍保持为负荷电流，表明高压侧、中压侧三相套管是故障起始点的概率较小。高压侧第二组散热片烧损坍塌，破坏情况最严重，其位置靠近高压侧中性点套管；高压侧中性点套管将军帽几乎被烧熔，疑为电弧高温烧蚀；高压侧中性点套管连接穿缆脱落，未找到残留痕迹。因此，现场初步判断为 2#主变高压侧中性点套管空气中部分破裂、喷油，并导致高压侧第 2 组散热片处燃烧，烧断散热器连接油管。通过解体分析，进一步确定了引起本次主变起火原因为：高压中性点套管穿缆出头引线可能存在焊接不良，在短路电流的作用下，引起焊接头处过热或脱落，导致套管导杆（即绕制杆）内油温升高及气化，内部压力急剧上升，并通过套管导杆内孔外喷，从而引发起火。

6 套管绝缘不良引起高抗起火故障

6.1 故障情况说明

6.1.1 故障前运行方式

故障前，500 kV #1 主变、#2 主变、#1M、#2M 母线均为运行状态。

6.1.2 故障过程描述

20 时 58 分，500 kV 某变电站 500 kV 某线高抗 B 相发生故障，该线主一、主二保护动作，高抗非电量保护重瓦斯跳闸、油温高告警、绕组温度高告警、轻瓦斯告警及油位异常告警，值班员在主控室看到设备区 500 kV 该线高抗 B 相套管部位处有起火。22 时 05 分，明火被扑灭。

6.1.3 故障设备基本情况

高抗型号为 BKD-40000/500，2007 年 1 月生产，2007 年 11 月投运。高压套管型号为 BRDLW1-550/630-4。

6.2 故障检查情况

6.2.1 外观检查情况

电抗器高压及低压套管已经完全烧毁；电抗器小组件完全烧毁；油箱外表面过火面积较大，但油箱整体无裂痕变形情况；散热器靠近油箱侧有过火痕迹；储油柜整体火烧程度较大，如图 3.33 所示。

高压套管损坏最为严重，瓷套完全碎裂；套管头部已经部分融化；套管瓷套与法兰连接处金属件炸开且烧熔，套管电容芯子露出，部分已经烧毁，套管尾部掉入油箱；套管电容芯子烧毁程度更加严重。低压套管瓷套破碎，整体电容芯子烧损程度较轻，如图 3.34 所示。

高压套管瓷套和法兰炸裂；法兰上表面发现 6 处放电点；套管末屏外观情况良好，如图 3.35 所示。

图 3.33 高抗整体烧损情况

图 3.34 套管烧损情况

图 3.35 套管法兰及末屏损坏情况

6.2.2 试验检查情况

2013—2019 年期间，该高抗按照规程进行了绕组直流电阻、铁心和夹件绝缘电阻、绕组绝缘电阻及吸收比、套管绝缘电阻、套管介损及电容量测试，试验未发现异常。2018—2019 年间，该高抗共进行了 11 次油中溶解气体分析、3 次油质分析（击穿电压、含水、含气、介质损耗），除 H_2 超注意值外，其余试验数据满足要求，2018—2019 年间测试结果显示 H_2 无明显增长。

6.2.3 解体检查情况

对返厂后高抗进行解体，解体情况如下。

高抗本体受损程度较轻，铁心、夹件、线圈较为完好；高压中部出线受损跌落，套管均压罩、CT 筒、烧损的绝缘芯子、瓷瓶碎片等均掉落至油箱底部，如图 3.36 所示。

图 3.36　高抗本体

套管穿缆包覆绝缘纸基本烧落，穿缆整体表面未发现过流烧蚀痕迹。套管电容芯子受损严重，套管空气侧及油中侧对应的电容芯子烧损严重。中间法兰对应电容芯子残留较多。套管上部空气侧电容芯子烧黑，经解剖后铝管表面完好，未发现放电痕迹。套管中部法兰侧对应电容芯子相对受损程度较低，解剖过程中该处电容芯子未发现放电痕迹，但铝箔表面有褶皱痕迹，如图 3.37 所示。

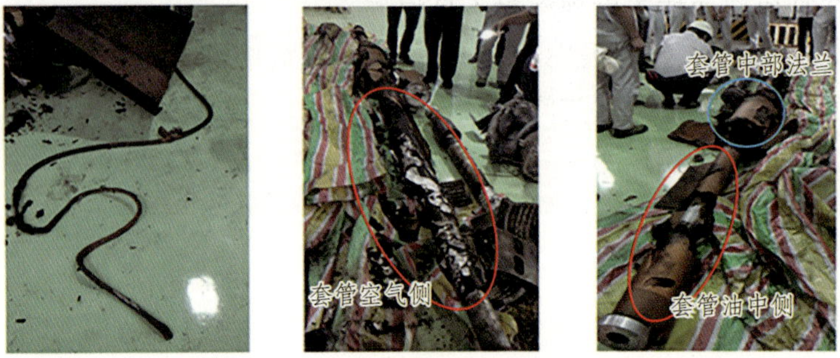

图 3.37　套管整体烧损

套管下部油中侧距离底座 570 mm 处铝管表面有明显放电点，且放电点向底座方向有部分撕裂痕迹；检查掉落油箱中电容芯子，发现多层绝缘屏存在明显撕裂痕迹，如图 3.38 所示。由此可确定放电点位于铝管表面，放电从内向外发展。

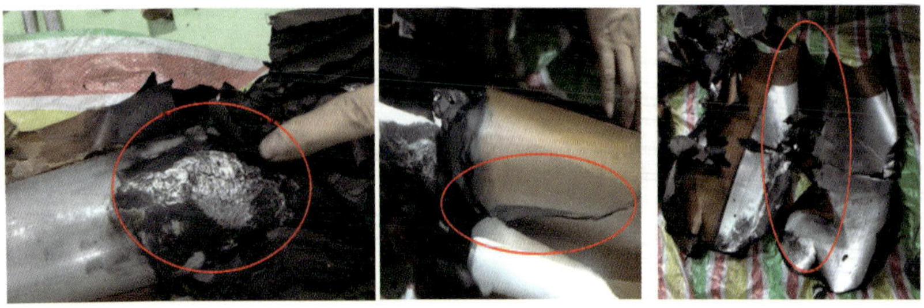

图 3.38　套管放电点

CT 筒壁有一条贯穿裂缝，且越往 CT 筒上侧方向，裂缝宽度越大；CT 筒内壁未发现放电痕迹；CT 筒下表面有多处灼烧点，如图 3.39 所示。

图 3.39　CT 筒放电痕迹

其他检查情况（见图 3.40）如下：

（1）升高座及其内壁未发现放电痕迹；

（2）套管顶部油枕未发现密封不良痕迹；

（3）清理了掉落油箱中的瓷瓶碎片，未发现放电痕迹；

（4）铝管的内壁未发现过流痕迹；

（5）套管底座均压球未发现放电痕迹。

由此，可确定放电路径为：距底座 570 mm 铝管表面—从内向外击穿部分电容芯子—爬电至 CT 筒—法兰—对地击穿。

图 3.40　升高座、油枕、铝管内壁等检查情况

6.2.4 故障原因分析

综合以上现象，分析认为本次套管故障为绝缘失效故障，卷制管上的电弧烧蚀痕迹为起始放电点，故障原因可能为铝箔褶皱或绝缘纸夹杂异物导致电容屏局部发生电场畸变，在运行电压长期作用下发生局部放电，逐步由内向外发展为绝缘击穿，并沿电容屏爬电，导致对CT筒、空气侧法兰地电位击穿。放电过程中产生大量气体，套管内部压力激增，最终导致套管炸裂。

7 500 kV 套管 X 蜡缺陷

7.1 缺陷情况说明

7.1.1 缺陷前运行方式

500 kV 主变处于停电状态。

7.1.2 缺陷过程描述

运行单位按照规程对 500 kV 主变高压套管开展预防性试验时，发现 500 kV B 相高压套管介损偏大，可达 0.594%，与出厂值相比增大 30%。其余 A、C 相套管介损均在 0.4%以下，无异常。进一步对 B 相高压套管取油样进行色谱分析，发现氢气严重超标，高达 14 069.18 μL/L，三比值编码为 010，对应故障类型为高湿度、高含气量引起的局部放电，已不具备投运条件。

7.1.3 缺陷设备基本情况

变压器型号为 ODFS-250000/525，2008 年投运。高压侧套管型号为 GOE1800-1360-2500-0.6-B。

7.2 缺陷检查情况

7.2.1 试验检查情况

为进一步查明套管内部缺陷情况，在套管厂对 B 相套管进行解体检查分析。解体前开展了套管油中溶解气体分析、高压介损及电容量测试、局部放电测量和 1 min 工频耐压试验。油中溶解气体分析显示除乙炔检测结果有差异外（现场检测为 0 μL/L，返厂后检测为 0.38 μL/L），其余检测项目与现场数据基本一致。

高压介损值测试结果（见图 3.41）与变电站现场测量的结果差异不大（现场为 0.594%），介损随试验电压的增加有上升趋势，施加电压为 80 kV 以上后趋于稳定。

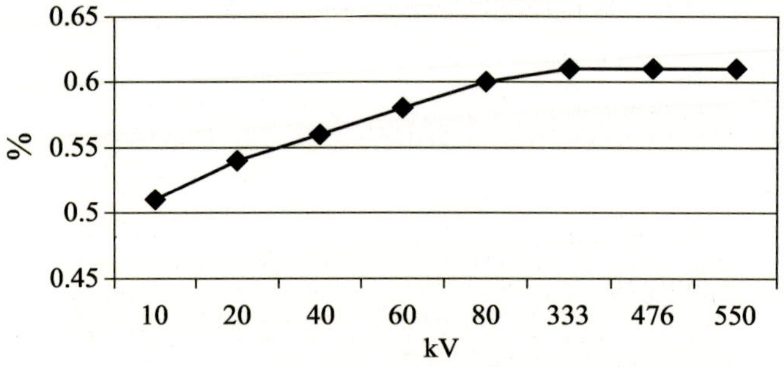

图 3.41 高压介损值测试结果

局部放电量测量时，当施加电压为 80 kV 后局放量迅速增加，施加电压为 210 kV 后大于 40 pC，施加电压为 550 kV 局放量 46.8 pC，维持 10 min 后稳定在 15 pC 左右，测试结果如图 3.42 所示。

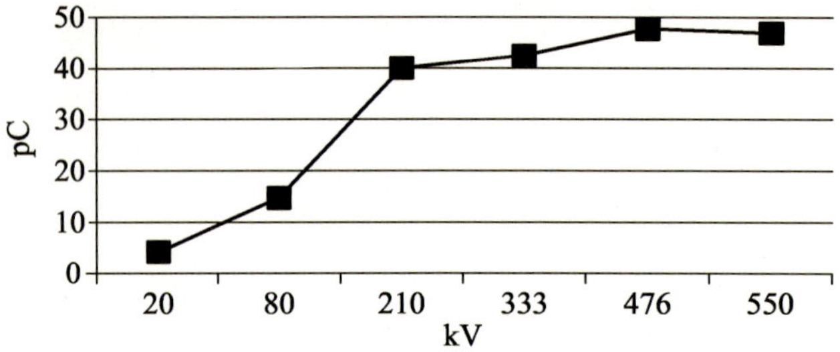

图 3.42 局放测试结果

1 min 680 kV 工频耐压试验，当耐压至 40 s 时，发现局部放电量突然陡增（达 3 000 pC 以上），应为内部出现局部电容层击穿，为避免耐压对套管的进一步损坏，迅速降压。重新进行电容量和介损测试，发现套管电容量增大了 5.2%，10 kV 介损比耐压前增大了 11.3%，为 0.69%；52 kV 下介损比耐压前增大了 144%，为 1.51%，且介损值不断在小幅波动，说明内部存在明显放电。

7.2.2 解体检查情况

套管解体后，发现靠近套管下法兰附近的多层铝箔搭接位置有偏差，铝箔卷绕的重叠部位、铝箔搭接打孔位置有炭黑痕迹，如图 3.43 所示。

电容芯的空气侧，最内的三层铝箔与铝管之间出现贯穿性击穿，击穿痕迹较新，经现场分析应为解体前工频耐压时出现的击穿，如图 3.44 所示。

最内层绝缘纸与铝管有黏性物质出现，如图 3.45 所示，对烧痕位置处的电容纸和黏性物质处的电容纸进行成分检测，发现烧痕处的炭黑物质成分主要为固定电容纸的胶水，铝管与电容纸间的黏性物质为 X 蜡，此物质是在特定环境下长期低能放电形成的聚合物。

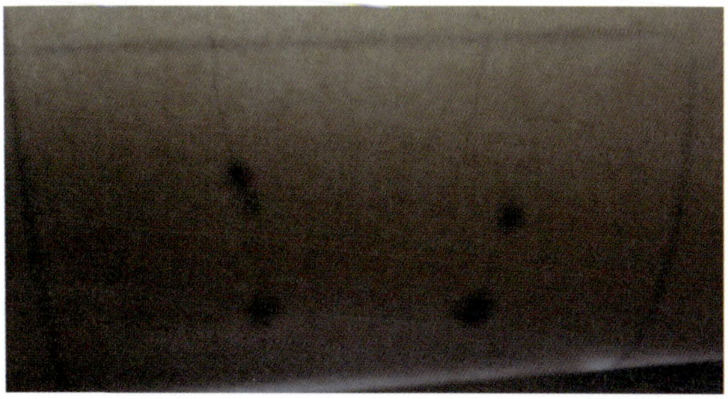

图 3.43　铝箔搭接部位炭黑痕迹

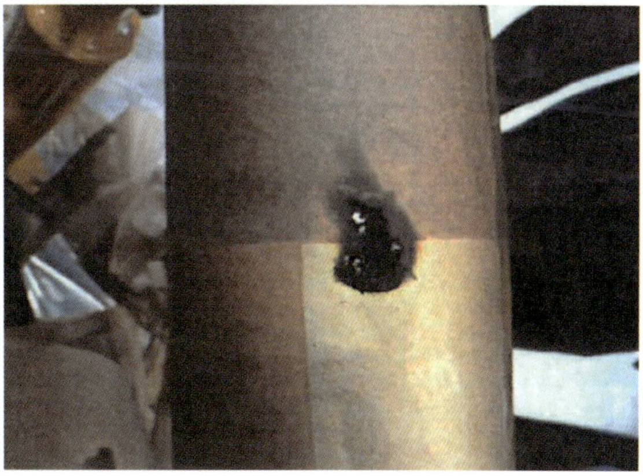

图 3.44　贯穿性击穿点

图 3.45　最内层绝缘纸与铝管上的黏性物质（X 蜡）

7.2.3 缺陷原因分析

通过解体检查及多次专家分析，并经与套管厂家反复讨论，最终明确该型套管内绝缘异常隐患原因为：套管电容屏卷绕工艺不良，电容屏绕制时存在褶皱，在皱褶中容易残留气体，极易在冲击电压下产生放电，致使油中分解出乙炔、氢气，并伴随产生大量X蜡，最终导致套管绝缘性能下降。

7.2.4 运维措施建议

（1）缩短套管介损测试周期：$0.8\%>\tan\delta>0.3\%$，每年复测套管的电容及介损，分析介损变化趋势，与出厂值对比增量超过 30%时，取套管油样分析，存在异常时更换套管。

（2）套管电容量测试：电容量变化未超过 3%，一个预防性试验周期内不少于 2 次，间隔不大于 18 个月；电容量变化超过 3%需更换套管处理。

（3）对油色谱普查存在异常的套管，应立即组织更换；油色谱检测未发现异常的套管，应在预防性试验中增加套管油色谱分析试验测试项目。

（4）套管取油样过程中要严格控制套管受潮风险。套管顶部取油后应严格按照取油作业指导书恢复密封。

8　500 kV 套管均压球对地放电故障

8.1　故障情况说明

8.1.1　故障前运行方式

故障前，#1 主变负荷 469 MV·A，#3 主变负荷 416 MV·A，#4 主变负荷 463 MV·A。

8.1.2　故障过程描述

13 时 45 分 21 秒，某站 500 kV #3 主变三侧开关跳闸，现场 C 相高压侧爆炸起火。故障发生后，水喷淋系统自动启动，控制火势蔓延。#3 主变转冷备用后，变电站值班人员和消防队立即灭火，约 14 时 30 分扑灭主变本体明火，如图 3.46 所示。

图 3.46　主变 C 相人工喷洒灭火

根据设备故障检查情况及保护报文录波，本次事件继电保护及自动装置动作正确，故障电流 55 kA。具体保护动作情况如下：

（1）主保护：12 ms 差动速断动作，21 ms 工频变化量保护动作，22 ms 比率差动动作，47 ms 零序差动保护动作。

（2）非电量保护：16 ms 压力释放 1 发信，25 ms 压力释放 2 发信，129 ms 本体重瓦斯保护动作，183 ms 有载重瓦斯保护动作。

（3）开关跳闸时刻：高压侧 5033、5032 开关 54 ms 三相跳闸，变中 2203 开关 60 ms 三相跳闸，变低 303 开关 60 ms 三相跳闸。

8.1.3　故障设备基本情况

变压器型号为 DT93，1992 年投运。高压侧套管型号为 CO1550-1250。

8.2　故障检查情况

8.2.1　外观检查情况

现场检查发现：#3 主变 C 相箱体严重变形，靠近变高套管升高座下部箱体爆裂，爆裂口由下向上呈锥形状，长度约 3 m，最大宽度 0.5 m。箱体下部被撕裂，箱体内壁除去燃烧痕迹和消防水迹，未发现明显放电痕迹，如图 3.47 所示。

图 3.47　箱体严重变形并爆裂、箱体下部被撕裂

变高套管整体上移约 2.3 m，外部瓷裙上部约三分之二碎裂，碎片散落在本体及箱体周围地面，如图 3.48 所示。

图 3.48　故障后变高套管外观

8.2.2　试验检查情况

#3 主变自投运以来，其高压套管共进行 6 次试验。根据试验结果，高压套管 tanδ 试验数据最大为 0.4%，处于标准要求的 0.8%以内。同时，高压套管的电容值均合格，其中电容差值均小于 2%。

8.2.3　解体检查情况

解体后，套管末屏完好无放电，对电容层进行外表和逐层剥离检查，未发现贯穿性击穿痕迹，套管下部绝缘纸有碳化痕迹，如图 3.49 所示。

图 3.49　电容屏无贯穿性击穿，绝缘纸有碳化痕迹

套管末屏良好，套管防潮结构完整，未发现受潮迹象，如图 3.50 所示。

图 3.50　套管末屏良好，变高套管将军帽和导电杆上节未发现受潮迹象

检查掉落在主变本体中的 CT，发现该 CT 外表面已被熏黑，绝缘漆严重烧坏，如图 3.51 所示。

图 3.51　掉落在主变本体中的 CT

套管下瓷套碎片内侧发现电弧烧灼/高温痕迹，部分碎片有金属喷溅痕迹，套管屏蔽延长筒内壁及下部可见多个放电点，如图 3.52 所示。

图 3.52　CT 筒有放电烧蚀痕迹

铁心基本完好，各侧绕组和高压引线无位移、变形和放电痕迹。在变高套管均压球对应旁轭处发现放电痕迹，放电部位呈橄榄形，面积约 25 cm×20 cm，与套管下部均压球相对应，之间无绝缘屏蔽，油隙距离约 405 mm，如图 3.53 所示。

图 3.53　高压绕组无变形、旁轭出现放电痕迹

均压球仅找到残骸，残骸已烧熔，外表面附着炭黑，如图 3.54 所示。

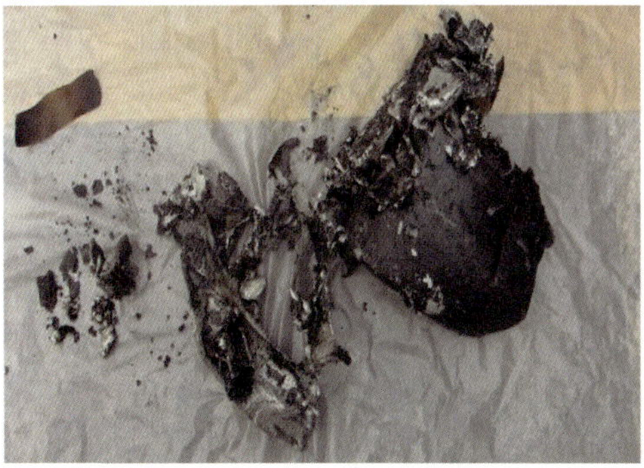

图 3.54　均压球残骸

8.2.4　故障原因分析

从故障录波图分析，短路电流高达 55 kA，几乎相当于 500 kV 母线单相直接短路。此外，通过现场视频解析可看出，爆炸源于变高套管下部箱体，爆炸后套管受冲击力向上冲出。结合继电保护动作和现场设备勘察情况，可以判断短路电流大多未经过绕组，短路发生在主变本体内高压绕组端部至变高套管下部出线区域。

综合上述各因素，故障过程大致推断为：在均压球和旁轭间出现放电并形成短路，能量急剧释放，变压器油在电弧和热的作用下急速裂解，生成大量气体。由于放电能量大，压力释放阀释放能量有限，内部巨大压力引起油箱焊缝开裂和变高套管崩出，引起燃烧。燃烧造成了套管损坏和变压器内部绝缘烧伤和熏黑。同时变高套管的导流铜棒在向上冲击力与高压线圈的牵扯力作用下，中间连接螺栓拉断，导流铜棒在下坠过程中，因飞弧作用产生一连串放电痕迹。

经调查取证，本次故障原因分析如下：

1. 套管端部设计不合理

套管端部采用无绝缘覆盖的金属均压球，均压球和铁心旁轭之间最短距离设计值为 408 mm（非故障相实测值 405 mm），均压球与铁心旁轭间无绝缘屏蔽。目前国内大部分变压器厂 500 kV 套管的端部设计均避免采用此种长油隙、电极无绝缘覆盖、极间无绝缘屏蔽的绝缘结构。根据专家意见，该套管端部绝缘设计薄弱，绝缘裕度小。对于油流循环设计，此区域为油流循环缓慢区，杂质容易在此积累。

2. 可能的金属碎屑与杂质

故障变压器已运行多年，且设计结构并未对均压球和旁轭进行特殊的绝缘处理，杂质可能在均压球与铁心旁轭间的油流缓慢区积累，在没有屏障的情况下，杂质极易形成“小桥”，当发展到一定程度时，均压球与铁心旁轭间隙因绝缘下降被击穿，从而引发故障。

此前一起同型号 500 kV 变压器在 2008 年的返厂修理时发现的问题也说明此种情况发生的可能性，该变压器在解体过程中发现多处金属碎屑，如图 3.55 所示。

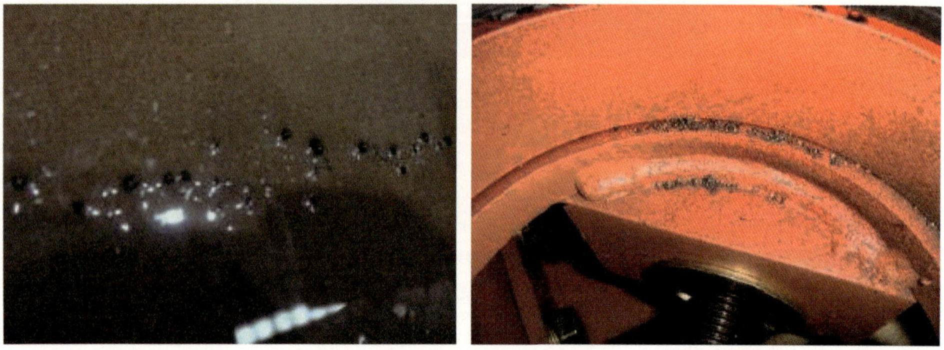

图 3.55　非故障变压器返厂检修发现的金属颗粒和碎屑

此外，某 500 kV 变压器也因金属异物在套管均压罩和套管升高座内壁间的油流死区聚集形成“小桥”而发生事故，经查，该套管均压罩也无绝缘覆盖，与套管升高座内壁间也无绝缘隔板，两者间距为 350 mm。

经过对该主变故障前、故障期间各种数据的分析，与解体检查的种种痕迹的逐一取证，认为故障原因极有可能为套管端部绝缘设计薄弱，可能存在的纤维、气泡、极性物质等颗粒在长油隙处集聚，达到一定程度后，引发击穿。

9 套管密封不良导致高压并联电抗器故障

9.1 故障情况说明

9.1.1 故障前运行方式

处于双母线接线运行方式。

9.1.2 故障过程描述

1 月 31 日 21 时 47 分 03 秒，某 500 kV 变电站出线线路保护差动保护、距离 I 段 A 相动作，线路故障电流约 23.4 kA。约 16 ms 后 A 相高抗保护差动速断、比率差动动作，跳开 5012、5013 开关三相，高抗故障电流约 17.4 kA。非电量保护方面，A 相高抗轻瓦斯和重瓦斯保护动作，油温、绕温高报警。保护故障切除时间为 72 ms，故障期间 500 kV 母线 A 相电压降至 0，A 相电流增大，达到 23.4 kA。根据保护信息，推断 A 相发生接地短路，保护动作正确，保护信号正常。

9.1.3 故障设备基本情况

故障高抗型号为 BKD2-40000/525-66，额定容量 40 000 kvar，额定电压 525 kV，额定电流 132 A，油质量 15 020 kg，2001 年 10 月生产，2002 年 6 月 24 日投运，绕组结构为双绕组并联中间引出线方式。

故障高抗 A 相高压套管型号为 BRDLW1-550/630-3，2001 年生产。

9.2 故障检查情况

9.2.1 高抗外观检查情况

现场检查发现，故障高抗器身膨胀，本体漏油（已断裂的器身固定螺栓处漏油及压力释放阀漏油）。500 kV 高压套管的下底座铝法兰有裂纹，散热器与本体的导通波纹管变形，夹件接地引出线的两端（套管端、接地端）均有放电痕迹，压力释放阀动作，如图 3.56 ~ 3.58 所示。

图 3.56　器身多处出现裂痕、断裂

图 3.57　套管下底座法兰裂纹、导通波纹管变形、夹件接地引出线套管端放电

图 3.58　夹件接地引出线接地端放电、压力释放阀动作

9.2.2　电气试验检查情况

（1）A 相高抗乙炔含量达到了 1 198.3 μL/L，总烃含量已达到 6 445.5 μL/L，氢气达到 4 069.9 μL/L，均超过了《电力设备检修试验规程》中注意值 150 μL/L。

（2）A 相高抗的直流电阻达到 4.222 Ω，而 B 相和 C 相的直流电阻分别为 1.871 Ω 和 1.875 Ω，直流电阻不平衡率达到 88.52%，超过了《电力设备检修试验规程》中 2%的限值要求。

（3）其他试验数据无异常。

9.2.3　解体检查情况

故障高抗返厂后进行了解体检查，情况如下：上节油箱内部的磁屏蔽有不同程度变形，磁屏蔽多个固定螺栓断裂脱落，如图 3.59 所示。

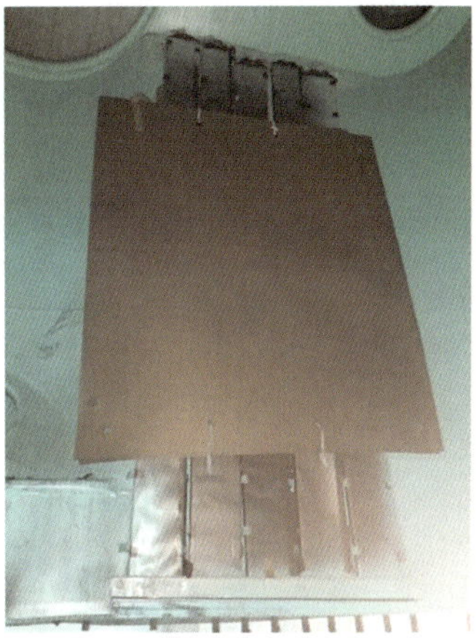

图 3.59　磁屏蔽受损情况

上节油箱吊开后，检查发现器身污染严重；线圈围屏在高压出线部位崩开，绝缘件散落在下节油箱上，如图 3.60 所示。

图 3.60　高压线圈出线围屏受损情况

套管均压球及固定螺栓掉落在出线成型件内，套管均压球变形严重，如图 3.61 所示。

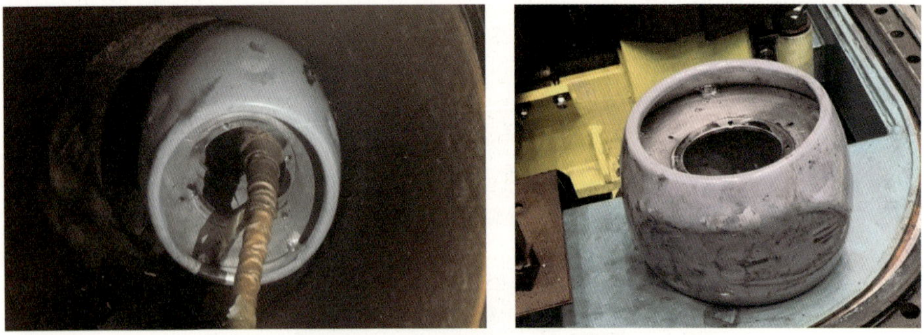

图 3.61　套管均压球受损情况

高压引线拆解检查，外包绝缘未发现放电痕迹，拆解至高压引线屏蔽层，发现屏蔽线在根部断裂，同时在屏蔽包扎内部有两处断裂开，其表面发黑，下部的断裂部位周围绝缘有发黑痕迹，且有明显的凹陷变形；屏蔽层拆开后，内部铝箔清洁，无放电现象，引线冷压连接良好，如图 3.62 所示。

拆卸故障区域围屏绝缘纸板，发现高压出线下部绝缘纸板有一处破裂，如图 3.63 所示。

拆解其他非故障区域围屏纸板，未发现放电痕迹。对线圈外表面其他部位进行检查，未发现放电痕迹。线圈中部有轻微变形，如图 3.64 所示。

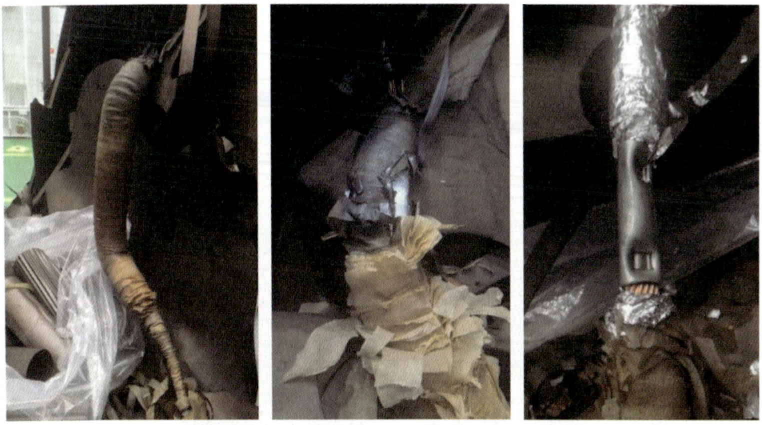

图 3.62　高压出线引线受损情况

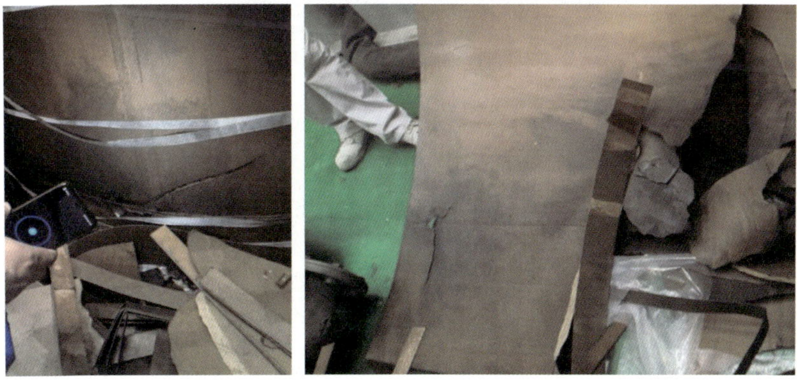

图 3.63　围屏受损情况

图 3.64　围屏受损情况

拆解故障点附近上下三层线圈外表面绝缘检查，未发现线圈内部匝间、饼间放电痕迹，如图 3.65 所示。

图 3.65　线圈内部匝间、层间未发现放电痕迹

高抗入炉脱油后，进一步拆卸上铁轭，拔出线圈检查，未发现线圈与铁心饼之间存在放电痕迹，铁心完好，如图 3.66 所示。

检查高压套管高压引线与一次引线连接件，发现密封垫已无弹性；其边缘有破损情况，整体老化严重，密封垫材质为普通橡胶，未使用软木橡胶密封垫；在连接件下边缘，密封垫周围分布了一圈铜绿，将军帽内部存在明显受潮痕迹，如图 3.67 所示，原厂密封垫与 A 相密封垫旧件对比如图 3.68 所示。

图 3.66　线圈与铁心饼之间未见放电、铁心饼完好

图 3.67 将军帽内部存在明显受潮痕迹

图 3.68 原厂密封垫与 A 相密封垫旧件对比

9.3 故障原因分析

经高抗解体，分析事故发展过程为：高压线圈首端出线根部沿着围屏中的撑条及纸板对地放电，故障电流急剧增大，线圈出现少量变形。放电使变压器油裂解，油箱内压力瞬间升高导致油箱变形。高压引线瞬间电动力以及油箱瞬间变形造成高压套管晃动，均压球受撞击变形并脱落，绕组换位烧蚀并受力断开。

结合保护动作情况、故障后油色谱和电气试验数据以及吊罩解体结果分析，判断造成本次故障原因是：高压套管顶部穿缆密封垫在长期日照和高温下老化失效，导致套管受潮，潮气顺着高压引线渗透至引线根部及其附近绝缘围屏、撑条及纸板，造成绕组出线处绝缘强度降低，最终导致高压引线对绝缘纸板、围屏和油箱形成贯穿性电弧放电。

9.4 建议采取的防控措施

针对在运高抗套管，如无法确认使用原厂密封垫，应尽快申请停电，开展套管密封性检查，检查是否存在未使用原厂密封垫及套管受潮进水等情况，并根据检查发现问题及时整改。设备未停电前，将油色谱和含水量检测周期缩短至 1 个月一次。

在开展取油、密封检查、吊装等破除套管密封性的作业后，应及时更换符合套管厂家技术要求的新密封垫，不得使用旧密封垫或自行加工的密封胶垫。

第 4 章　变压器分接开关故障

1 柔直变压器有载分接开关故障

1.1 故障情况说明

1.1.1 故障过程描述

4 月 10 日 15 时 41 分 33 秒，某换流站柔性直流单元柔直变压器分接头由 3 档调整为 2 档；15 时 41 分 45 秒，柔直变压器分接头由 2 档调整为 1 档时，柔直变压器 B 相本体及分接开关非电气量保护、差动保护动作跳闸，柔性直流单元闭锁。

故障跳闸时，柔性直流单元有功功率为 100 MW，柔直变压器 B 相顶部起火，火势蔓延导致柔直变压器阀侧高压套管、网侧中性点套管烧损，16 时 50 分明火熄灭，事发时柔直变压器视频截图如图 4.1 所示。

（a）爆炸起火时刻照片　　（b）套管爆裂燃烧后期照片

图 4.1　事发时柔直变压器视频截图

1.1.2 故障设备基本情况

柔直变压器为单相双绕组，联结组别为 YN0yn0，网侧中性点直接接地，额定容量 375 MV·A，额定电压（$525/\sqrt{3}\pm4\times1.25\%$）/（$375/\sqrt{3}$）kV，2015 年 7 月出厂，2016 年 8 月投运。有载分接开关采用 UCLLE380/1800 型油浸组合式有载分接开关，基本参数如表 4.1 所示。

表 4.1 柔直变压器 OLTC 基本参数

项目	参数	项目	参数
型号	UCLLE380/1800/III	档位数	9
形式	电阻型	变化范围/%	±4×1.25%
额定电压/kV	72.5	级电压/kV	3.79
最大通过电流/A	1800	间隔电压/%	1.25%
电气寿命/次	30 万	1 min 工频电压/kV	150
机械寿命/次	80 万	每档摇动圈数	25
绝缘水平（LI/AC）/kV	380/150		

1.2 故障检查情况

1.2.1 变压器整体现场情况

事后检查发现，柔直变压器阀侧套管和网侧中心点套管严重损坏，网侧高压套管有三个瓷伞大块缺损，阀侧中性点套管外观无明显损坏，其外观如图 4.2 所示。

（a）网侧中心点套管

（b）阀侧高压套管

图 4.2 事件发生后柔直变压器网阀侧套管的外观

有载分接开关侧存在大量燃烧及烟熏痕迹，分接开关的切换开关油室的顶盖和压力释放阀破裂并掉落于变压器旁的地面上，开关压力继电器严重损坏；切换开关独立油室底座与绝缘筒脱落，导致变压器本体与分接开关油室联通，其外观如图 4.3 所示。

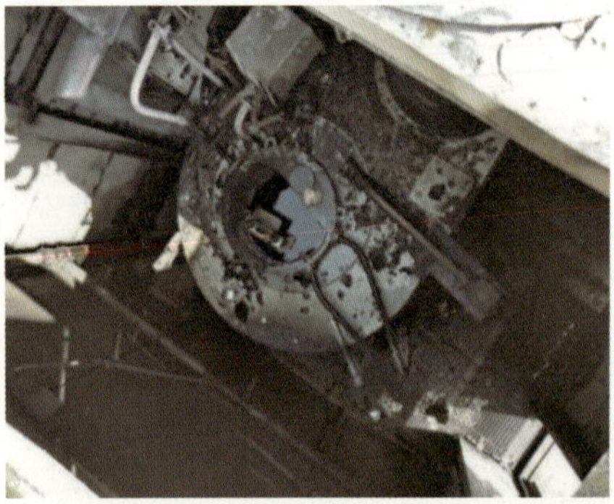

(a) 切换开关油室的顶盖损坏照片

(b) 掉落的压力释放阀碎块照片

图 4.3　事件发生后有载分接开关的外观

分接开关档位指针位置在 2 档到 1 档之间，红色指示牌位置在 RAISE 与 POSITION 之间；大齿轮盒内档位指示在 1 档，与红点偏离。分接选择器在档位 1 处，档位 2 处有大电流通过的熔结痕迹。以上结果表明，分接选择器已到位，但调档切换过程并未全部完成。

1.2.2　有载分接开关检查情况

该型柔直变压器采用切换开关的三相并联作单相使用，切换开关芯子吊出后整体情况如图 4.4 所示。

图 4.4　切换开关芯子整体情况

吊芯后检查发现，切换开关 V 侧闭合，即对应开关的 2 档，处于未完成切换的状态。主要检查情况如下：

X 侧插入式触头及内部主、过渡动静触头均烧蚀严重，其中，#1 主、过渡动静触头烧蚀最为严重。

V 侧插入式触头除#3 烧蚀严重外，其余触头无明显烧蚀，内部主、过渡动静触头烧蚀均较 X 侧轻微。

开关 X 侧环氧板表面有较大面积电弧灼烧痕迹。多处触头弹簧连接板断裂，两处动触头转轴断裂，开关三处底脚断裂，铸铝支撑结构断裂，固定过渡电阻螺杆断裂，如图 4.5 所示。但过渡电阻正常，无过热变色痕迹，说明短路电流未穿越过渡电阻。

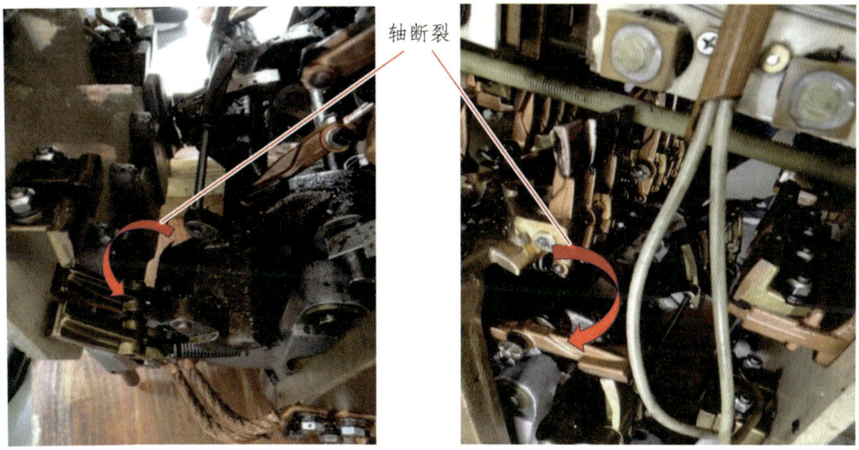

（a）X 侧过渡触头组动触头断轴　　（b）X 侧主触头组动触头断轴

图 4.5　切换开关触头转轴断裂照片

1.3　故障原因分析

（1）有载分接开关的切换开关存在机械故障，调档切换过程中未能正常熄弧并引发了级间短路是导致该柔直变压器起火烧损的主要原因。

（2）开关的切换开关结构布置型式不合理，过渡触头位于主触头下方，且两者间未布置电弧隔离措施，易于形成飘弧短接而增加了级间短路的风险。

（3）通过理论分析和数值计算表明：事件工况下谐波电流的存在，虽然显著增加了调档切换时切换开关主触头及过渡触头的恢复电压（弧电流）上升率，但其恢复电压和弧电流并未超出有载分接开关的固有开断能力，说明谐波的存在不是引发本次有载调压分接开关级间短路的原因。事件发生后有载调压分接开关的过渡电阻基本完好，表明巨大的级间短路电流并未穿越有载分接开关的过渡回路，进一步印证了计算分析结论的正确性。

1.4 应采取的措施

（1）在大容量变压器或重点工程用变压器有载分接开关选型中，应优先选用灭弧能力更强的真空有载分接开关。

（2）变压器在运行中可能承受大负荷、轻载、空载工况下叠加谐波或直流偏磁电流运行的典型工况，会引起 di/dt 增大及恢复电压增大、过零点间隔增大或无过零点、过零点密集的情况，增加分接开关切换失败的风险。在设备选型时应明确，有载分接开关应满足在 GB 1094.1 规定的不同负荷率下 5%含量的谐波电压、5%含量（基于额定电流）的谐波电流下正常安全运行和操作的能力。

2　220 kV 某变电站#2 主变有载分接开关故障

2.1　故障情况说明

2.1.1　故障过程描述

2018 年 12 月 28 日 10 时 40 分，地调下令 220 kV 某变电站将#1 主变、#2 主变、#3 主变档位由 4 档调至 5 档。10 时 42 分，在执行操作过程中，变电站#2 主变有载重瓦斯（先于本体动作）、本体重瓦斯、主变差动保护动作，#2 主变三侧开关跳闸，随后 10 kV 分段备自投正确动作，合上 10 kV 母联 812 开关，10 kV 2M 母线恢复运行，无负荷损失。故障动作时序如图 4.6 所示。根据非电量保护动作时序分析认为，故障点位于分接开关油室。

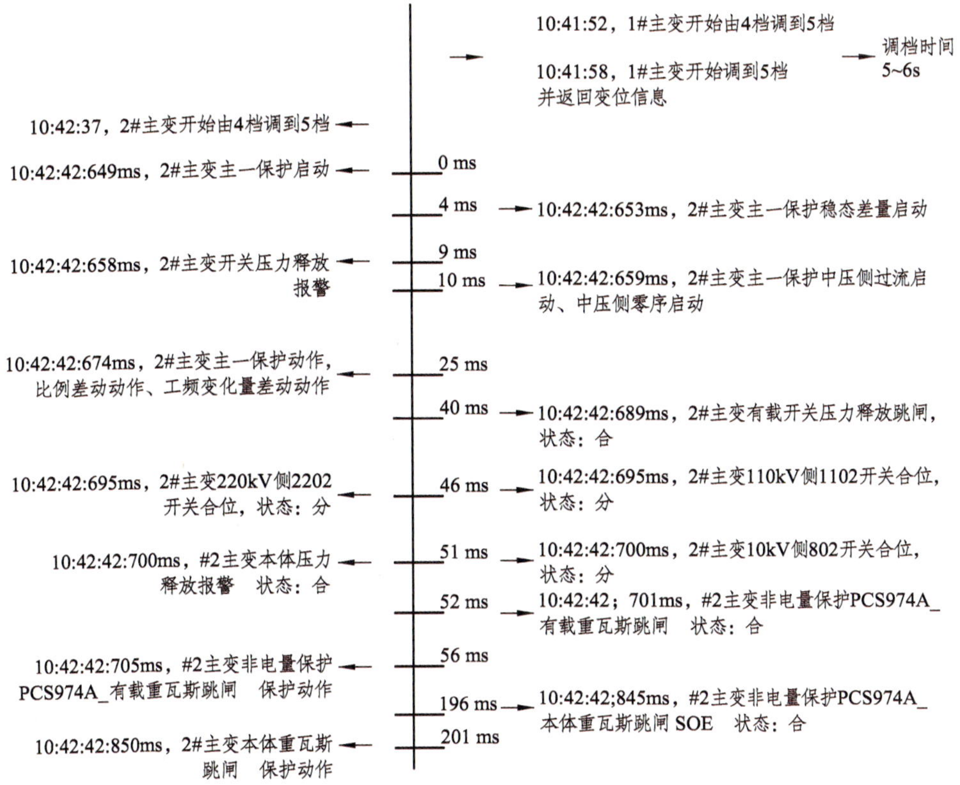

图 4.6　故障动作时序图

2.1.2 故障设备基本情况

该站#2主变型号为SFSZ11-180000/220，额定电压220±8×1.5%/115/10.5 kV，于2014年6月生产，2014年12月30日投运。有载分接开关采用ZVM型真空灭弧式有载分接开关，基本参数如表4.2所示。

表4.2 有载分接开关基本参数

型号	ZVM
灭弧形式	真空灭弧
生产日期	2014年4月
投运日期	2014年12月30日

2.2 故障检查情况

2.2.1 变压器整体现场情况

现场灭火后检查发现，#2主变套管复合伞裙明显烧损，主变本体底部事故放油阀受损漏油，本体油位在正常范围，主变本体靠近有载开关的散热片受热掉漆，110 kV中性点接地刀闸及避雷器受损，10 kV变低母线桥铜排部分受热变色，110 kV变中套管连接110 kV#2变刀导线部分受热融化，故障现场如图4.7所示。

图4.7 事件发生后变压器故障现场

#2主变真空有载分接开关已完全烧损，分接开关箱盖、切换单元、油流控制继电器等部件受故障能量冲击飞出开关油室，散落在主变箱体上，分接开关

压力释放阀跌落在地面上，分接开关操作机构箱烧损，分接开关油枕连管开裂，如图 4.8 所示。

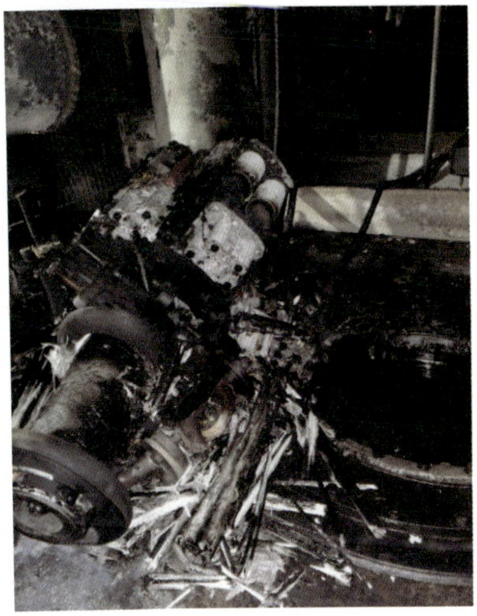

（a）切换开关

（b）分接开关压力释放阀

图 4.8　事件发生后分接开关情况

对变压器内部进行检查发现，三相调压线圈上部出线及 B 相调压线圈下部出线第 5 分接导线绑扎带松开，调压线圈下部出线 A 相第 4 分接导线冷压接头脱开，引线支架上固定的调压线圈第 4、5 分接引线明显变形，如图 4.9 所示。

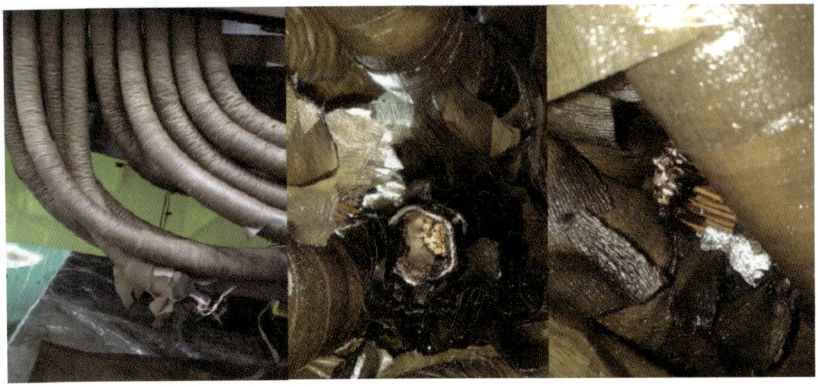

图 4.9　调压绕组损坏情况

2.2.2 有载分接开关检查情况

该型真空分接开关原理及结构如图 4.10 所示。

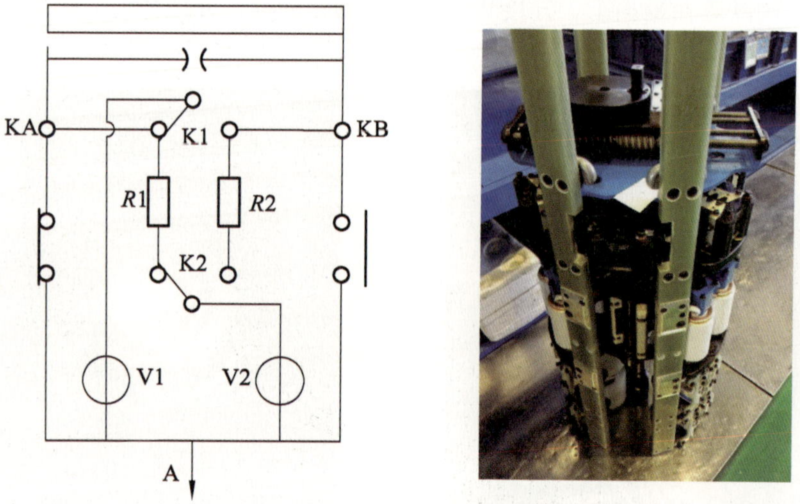

图 4.10 真空分接开关结构示意图（带有火花间隙的为 K2）

切换开关 C 相的双数动触头（即 V2）表面已经烧蚀了一半，烧蚀最严重，故障分接开关照片如图 4.11 所示。

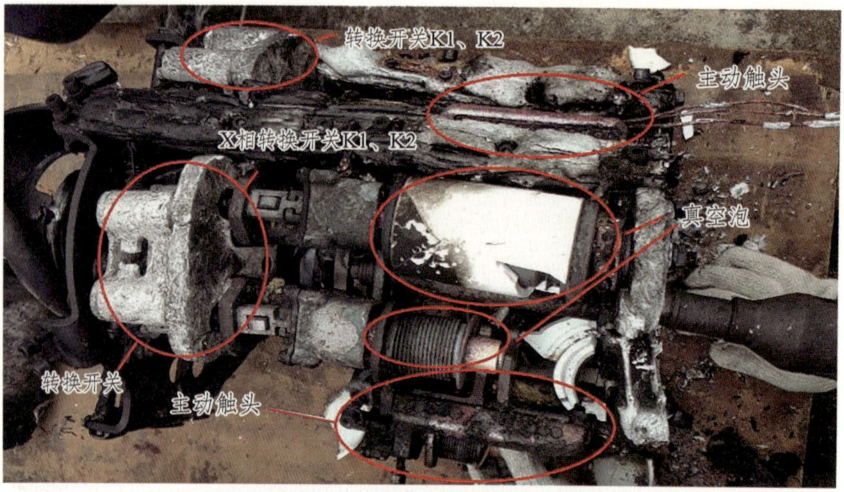

图 4.11 故障分接开关照片

C 相真空泡完全破裂，两个真空泡触头烧蚀颜色不一；另一相真空泡瓷瓶也破损，相对 C 相破坏程度较轻，如图 4.12 和 4.13 所示。

如图 4.14 所示为切换开关中的提升机构，用于传动 V1、V2、K1、K2 的开闭。通过提升机构限位指示来看，V1、V2、K1、K2 已经动作到位。

图 4.12　C 相两真空泡触头表面烧蚀痕迹

图 4.13　另一相真空泡损坏情况

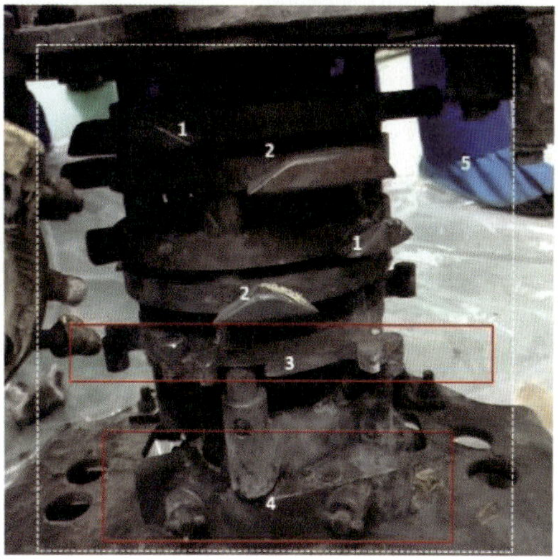

图 4.14　分接开关提升机构

储能弹簧用于控制切换开关主载流触头的动作，但从储能弹簧的位置来看，故障后处于中间位置，表明主触头是没有分合到位的，但该情况也有可能是切换开关在炸出油室的过程中因巨大能量将储能弹簧破坏所致，如图 4.15 所示。

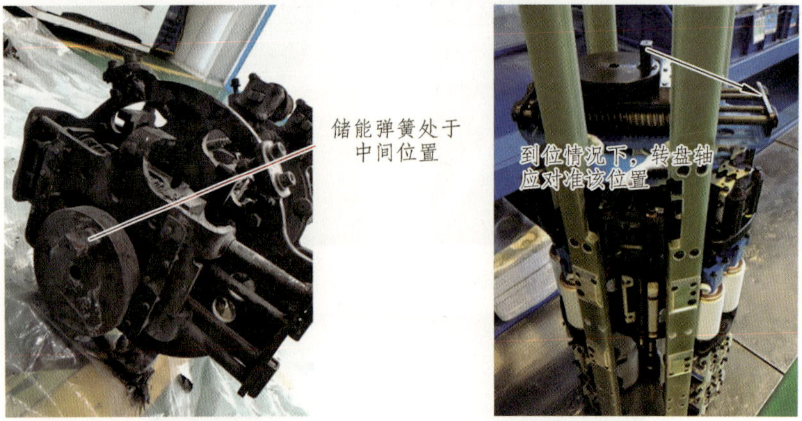

图 4.15　储能弹簧情况

分接选择器绝缘主轴中部脱落，动、静触头第 4、5 分接存在不同程度的烧蚀现象，且 C 相最严重，A、B 相分接选择器动触头脱扣，如图 4.16 所示。

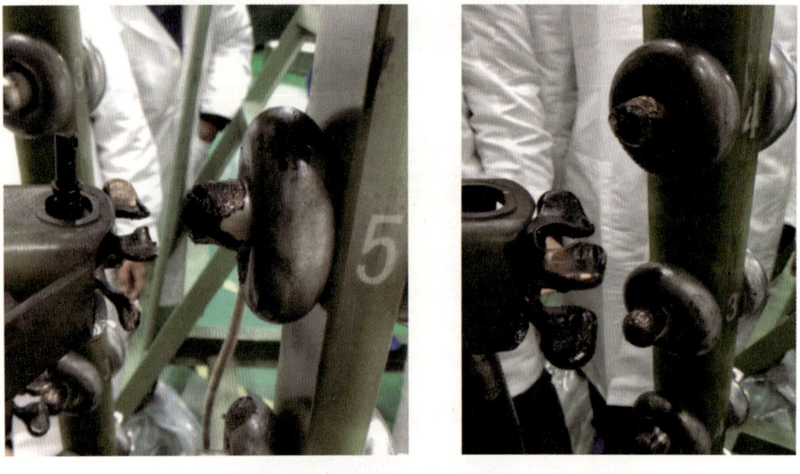

图 4.16　C5 档、C4 档对应的动触头、静触头

2.3　故障原因分析

分析认为故障发生和发展过程为：在调档过程中转换开关 K1 切换不到位或

接触不良，引起断流产生放电（放电后工频续流），放电导致第 4、5 分接发生级间短路，在短路电流作用下分接开关油室内严重过热并伴随产生大量气体，迫使分接开关压力释放阀动作，引发分接开关油室及主变箱体外部附件起火燃烧。短路电流造成分接开关选择器及调压引线等部位受损。

因此，有载分接开关在调档过程中转换开关 K1 切换不到位或接触不良是导致#2 主变故障的原因。

3 极 1 低端换流变有载分接开关故障

3.1 故障情况说明

3.1.1 故障过程描述

5 月 8 日 8 时 42 分 3 秒，某换流站双极四阀组功率按照调度曲线由 500 MW 升至 800 MW 过程中，8 时 40 分 46 秒 318 毫秒，换流变分接开关调节至第 10 档；8 时 41 分 49 秒 886 毫秒，换流变分接开关调节至第 9 档，13 秒 706 毫秒后，该换流站极 1 低端换流变依次发生 A 相有载开关压力释放报警，差动保护动作，A 相有载分接开关重瓦斯保护动作，A 相本体油压速动保护发信。8 时 42 分 3 秒 662 毫秒，5033 断路器动作出口跳闸，隔离故障。紧接着 A 相本体重瓦斯保护动作，A 相本体压力释放阀发信。过程时序图如图 4.17 所示。故障发生后该站极 1 低端阀组隔离，另外极 1 高阀组和极 2 双阀组维持 1 500 MW 功率继续运行。

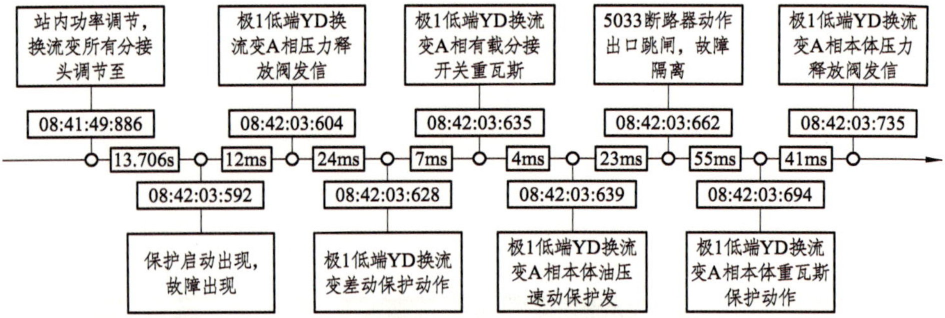

图 4.17　故障时序图

3.1.2 故障设备基本情况

该换流站低端换流变压器型号 ZZDFPZ-248600/500-200，为单相双绕组结构，制造日期 2017 年 1 月，2018 年 1 月投运。有载分接开关采用 VRG Ⅱ 1302-72.5/E-14273WS 型真空灭弧式有载分接开关，基本参数如表 4.3 所示。

表 4.3　换流变压器 OLTC 基本参数

项目	参数	项目	参数
开关型式	真空双开关	型　　号	VRG Ⅱ1302-72.5/E-14 27 3WS
相数和应用	2 相	制造年月	2016 年
额定短时电流	15 kA	分接选择器等级	E
额定峰值耐受电流	37.5 kA	最大额定通过电流	1 300 A
实际额定通过电流	443 A	额定短路持续时间	3 s
级容量（PStN）	3 000 kV·A	最大额定级电压	4 000 V
最大端对地运行电压	72.5 kV	实际额定级电压	3 789 V
额定雷电冲击耐压	350 kV（1.2/50 μs）	额定短时工频耐压	140 kV（50 Hz，1 min）
开关过渡电阻 *R*	4.45 Ω	开关电位电阻	10×27 kΩ，带电位开关，带速动开关

3.2　故障检查情况

3.2.1　变压器整体现场情况

根据换流站现场工作人员检查情况，发现极 1 低端 YD 换流变 A 相分接开关压力释放阀动作，分接开关两个档位观察窗、瓦斯继电器玻璃观察窗全部碎裂，BOX IN 分接开关吊装孔盖板被冲开。本体两个压力释放阀动作，少量喷油，本体及分接开关瓦斯继电器动作，主油箱止回阀动作，现场油迹呈黑色。对故障换流变进行现场取油样，其中本体下部取油阀油样为黑色，上、中部取油阀油样略微发黑，如图 4.18 所示。

（a）开关压力释放阀动作　（b）开关档位观察窗破裂　（c）瓦斯继电器观察窗口碎裂

图 4.18　故障现场图

3.2.2 有载分接开关检查情况

对故障相有载分接开关进行现场吊心检查，从芯体的损坏情况及各载流支路的过流痕迹，证明了分接开关切换油室内发生级间短路。具体如图 4.19 所示。

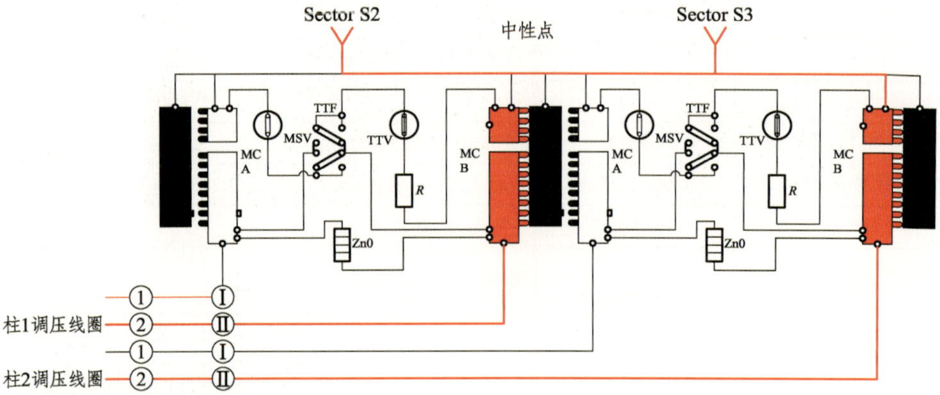

（a）故障前有载分接开关正常载流路径

（b）S2 区整体外观，连接 MSV/MTF 上部的铜导线被扯断

（c）S2 A 侧连接板和 MTF-TTF 间的连接导线及 MSV 真空泡有电弧痕迹，真空泡挤压变形

（d）MTF 两组工作位置的定触头处均有过流及电弧痕迹，MTF 动触头脱落

（e）S2 区 MTF 活动接头有过流及电弧痕迹，MTF 活动接头掉落到分接开关油室中

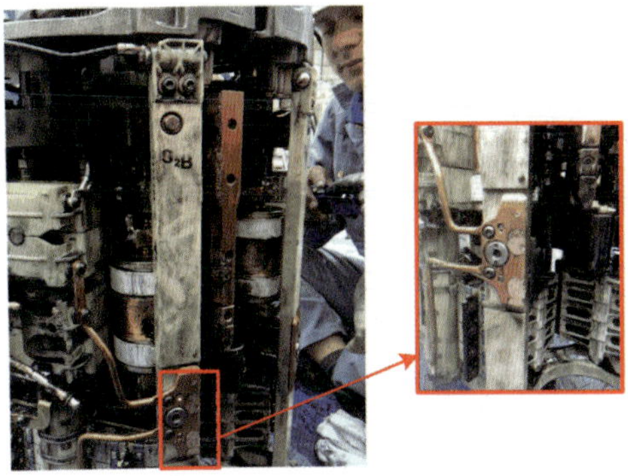

（f）S2 B-S3 A 区间的主触头表面有过流痕迹，S2 B 侧连接板有过流痕迹

（g）S2 A 侧 MSV 真空泡挤压变形，机械动作装置损坏

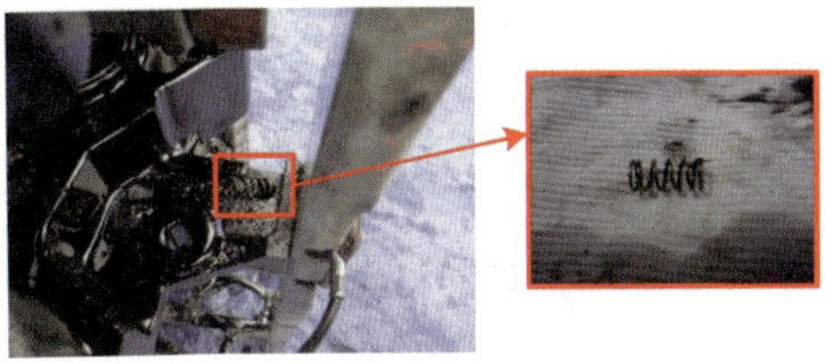

（h）S2 A 侧 MSV 真空开关动作装置的弹簧脱落，弹簧表面无电气损失痕迹

（i）有载分接开关的四个真空泡都存在挤压变形的现象

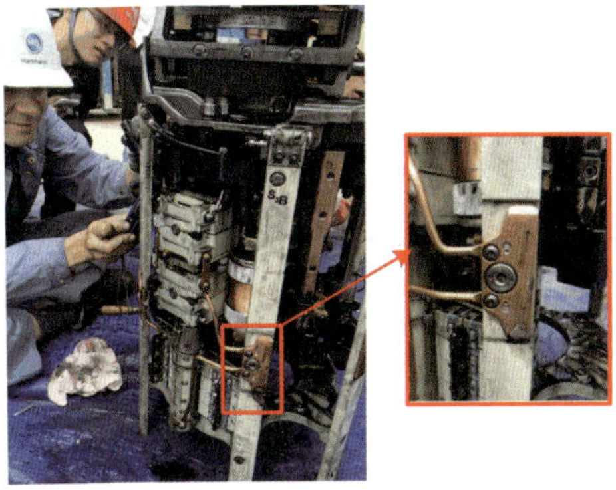

（j）S3 B 侧连接板有电弧放电痕迹

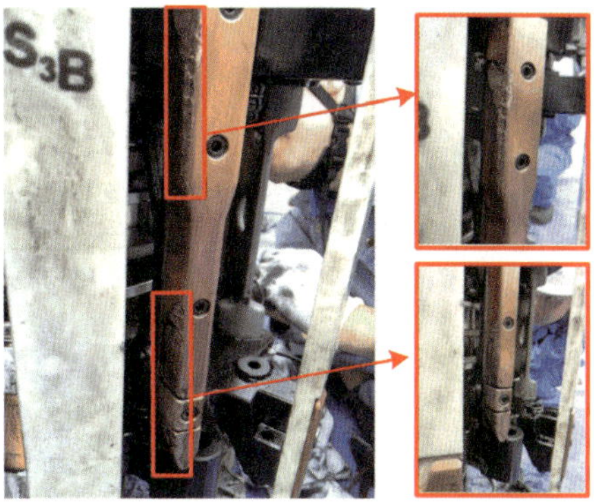

（k）S3 B 侧主触头有过流痕迹

（l）有载分接开关油室整体外观

（m）S2 区油室内壁有黑色痕迹和裂纹痕迹，S2 A 区静触头有电弧痕迹

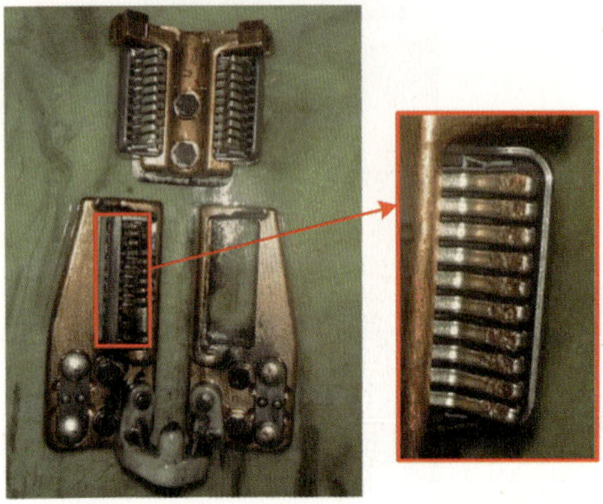

（n）S3 A 侧静触头有放电痕迹，S2 B 侧下静触头脱落，上侧静触头有过电流痕迹

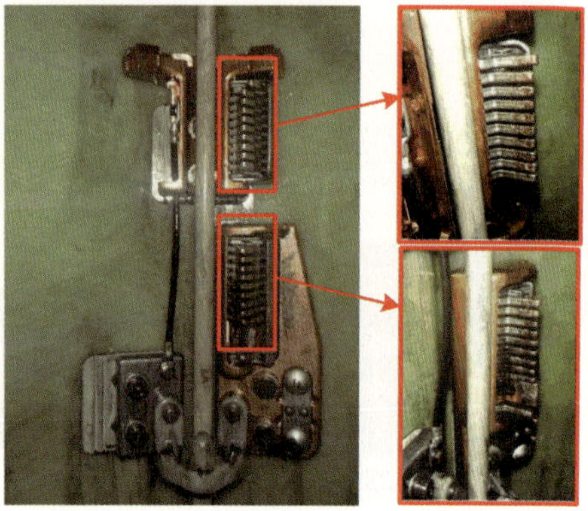

（o）S3 B 侧静触头有过流痕迹

图 4.19　开关芯子检查情况

根据现场吊心检查情况认为：

（1）动触头处于左侧，处于工作档位位置。

（2）有载分接开关油室目视检查没有泄漏，但有放电点。

（3）有载分接开关机械机构未见明显损坏，开关储能机构完好。

（4）真空泡腰部凹陷，未见炸裂现象，初步推断故障时的高压及本身真空导致的凹陷，真空泡表面存在不同程度的电弧烧蚀痕迹。

（5）S2 扇区 MTF 严重损坏，转换部分已脱离，与 MSV 连接的铜导杆断裂脱落，连接至当前分接及预选分接的梯形铜板有明显过流痕迹；上部一根黑色电缆发生机械断裂。

（6）S2B-S3A 之间的动触头左侧有大量烧蚀痕迹，右侧无；S2B 区静触头掉落到开关油室中。

（7）S3 扇区 MTF、TTF 及连接的铜导杆完好，连接至当前分接及预选分接的梯形铜板有较少的过流痕迹，S3B-S1A 之间的动触头左侧有明显的过流痕迹。

（8）避雷器未见异常，限流电阻未见异常。

3.2.3 换流变进箱检查情况

对故障换流变进行检查。主要检查情况简述如下：

（1）箱壁内部有黑色油迹，箱底有皱纹纸碎屑，其他无异常。

（2）开关室内壁放电点位置对应的外壁存在一条黑色印记，但目视无法判断是否为开关室产生的裂缝。

（3）柱 1、柱 2 调压线圈下部引线皱纹纸绝缘崩开，其中柱 1 更为严重。柱 1 对应开关 S2 扇区，柱 2 对应开关 S3 扇区。

（4）开关动触头的位置均已到位，其中调压开关引线因电动力原因移位。

（5）开关油室目视无泄漏，下部底板向下凸出几毫米，铆钉松动。

（6）器身表面有散落的支架，网、阀侧引线无异常。

3.2.4 换流变进箱检查情况

7 月 24 日对故障换流变压器进行解体检查，发现换流变压器上部调压引线损坏严重，整体情况如图 4.20 所示。故障时引线 10 为当选引线，引线 9 为预选引线。

（a）调压引线　（b）开关引线及箱壁黑色油迹　（c）网侧引线

图 4.20 换流变进箱检查情况

如图 4.21 所示为换流变压器调压引线电弧放电痕迹和断裂点。解体检查发现：S2 区引线 10 断裂成 3 段，S2 区引线 12 断裂，S3 区引线 10 断裂；S2 区引线 10 和引线 9 抽头间有放电痕迹，S3 区引线 10 和引线 9 抽头间有放电痕迹，S2 区引线 7、9、10 和引线 11 抽头间有放电痕迹。

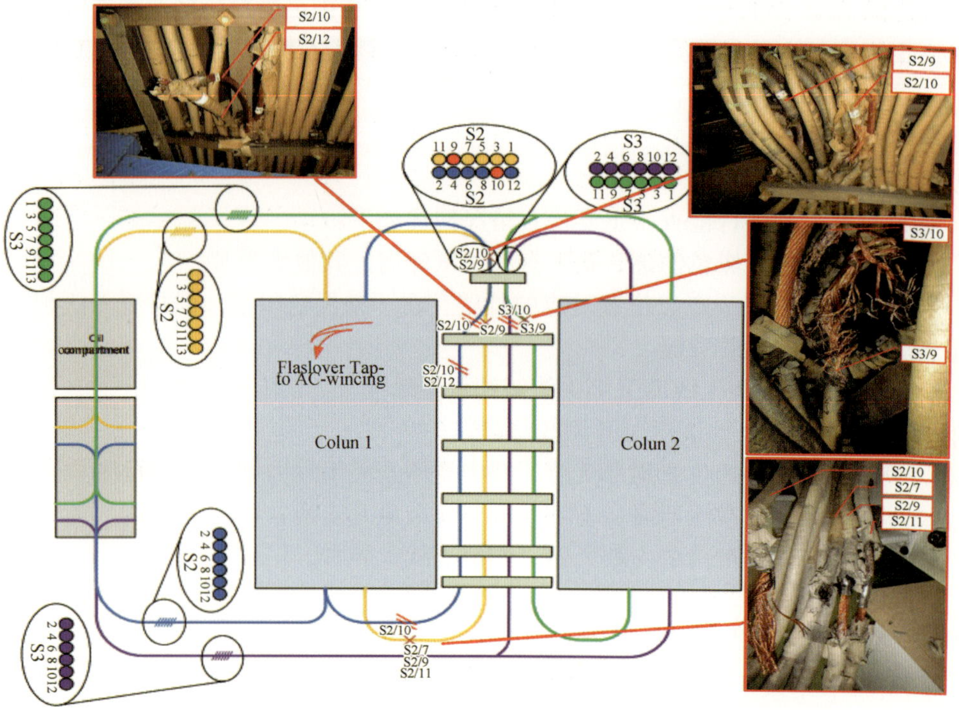

图 4.21　换流变调压引线电弧放电痕迹及断裂点（//断裂点，×电弧放电点）

将换流变压器线圈分离后发现，网侧线圈与调压线圈之间有闪络痕迹，如图 4.22 所示。

（a）调压绕组

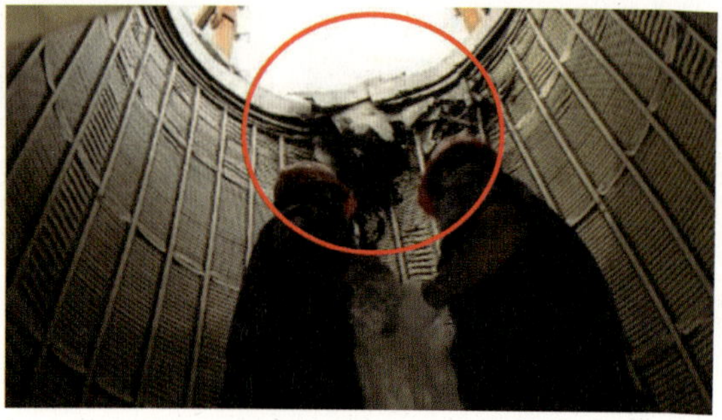

（b）网侧绕组

图 4.22　换流变调压绕组和网侧绕组

3.3　故障原因分析

综合保护动作时序分析、故障录波数据分析、短路电流仿真计算、现场有载分接开关吊芯检查和换流变本体入箱情况分析，认为该站极 1 低端 YD A 相换流变跳闸的原因如下：

真空有载分接开关切换油室油中 MTF 开关绝缘性能异常下降，引发局部放电并发展为级间短路，级间短路电流进一步造成调压线圈绕组匝间短路，匝间短路快速发展为网-调绕组贯穿性闪络（或击穿）。30 kA 级的短路电流进一步加重了有载分接开关的过流和放电烧损。

3.4　应采取的措施

（1）在分接开关选型阶段，技术规范书提出了具体的选型要求：

① 有载分接开关的切换开关采用多柱并联方式，采取强制均流的措施；变压器及其附件应满足 GB 1094.1 规定中的谐波电压和谐波电流含量正常安全运行和操作的能力。

② 分接开关额定通过电流应不小于变压器额定容量下 1.2 倍的最大分接电流值。

③ 对换流变压器用有载分接开关应具备耐受网侧高电流变化率（di/dt）的能力。

（2）设备验收阶段，在投运前后进行分接开关油室油中溶解气体分析，要求油色谱各组分：总烃<10 μL/L；H_2<10 μL/L；C_2H_2<0.1 μL/L。

（3）投运维护阶段，对真空分接开关应定期开展油室绝缘油检测（含油色谱）、油枕呼吸管路、非电量保护装置及吊芯检查。具体要求如下：

① 对直流输电用真空有载分接开关在投运前进行分接开关油室油中溶解气体分析，要求油色谱各组分：总烃<10 μL/L；H_2<10 μL/L；C_2H_2<0.1 μL/L。

② 对运行中的该系列真空有载分接开关每隔 1 年进行一次分接开关油室油中溶解气体分析。正常情况下，VRF 型和 VRG 型分接开关每操作 1 000 次，乙炔增量为 4 μL/L 以内；VRM 型分接开关每操作 1 000 次，乙炔增量为 1 μL/L 以内。

③ 超过注意值时应缩短取样周期，直流用变压器缩短为 6 个月 1 次，同时应记录分接开关动作次数。

④ 色谱含量超过注意值且与操作次数相比增速明显加快时，应禁止调压并尽快开展吊芯检修。

4 220 kV 某变电站#1 主变真空有载分接开关故障

4.1 故障情况说明

4.1.1 故障过程描述

8 月 16 日 09 时 02 分，AVC 根据策略对 220 kV 某变电站#1 主变执行从 5 档调至 6 档操作。09 时 03 分#1 主变跳闸，现场保护显示#1 主变调压重瓦斯、本体重瓦斯动作，#1 主变第一套保护动作，现场#1 主变有载开关芯子从本体冲出，并掉落至变压器本体附近地面。

故障时#1 主变负荷 26.9 MW，故障过载中相关变电站备自投成功动作，未造成变电站失压及负荷损失，保护动作时序图如图 4.23 所示。

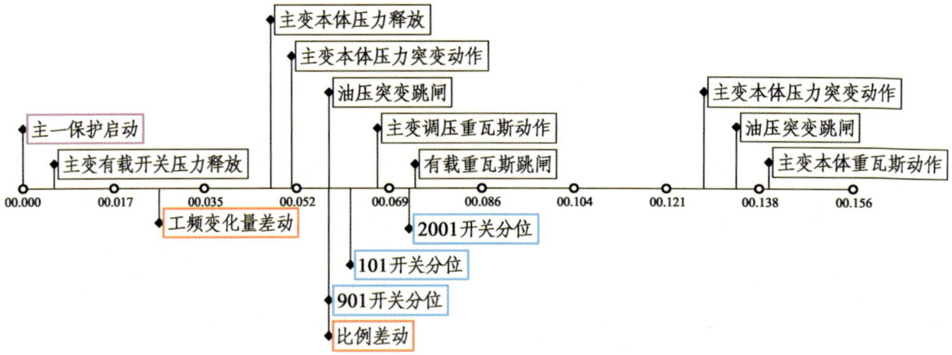

图 4.23 保护动作时序图

4.1.2 故障设备基本情况

故障设备基本情况如表 4.4 和表 4.5 所示。

表 4.4 主变铭牌信息

项目	参数	项目	参数
型号	SFSZ11-180000/220	额定容量	180/180/90 MV·A
额定电压	(220±8×1.25%)/115/10.5 kV	铁心形式	五柱
线圈排列	高-中-调-低	阻抗	Ud1-2/Ud1-3/Ud2-3=14%/51%/35%
出厂日期	2016/9	投运日期	2017/9/28

表 4.5 有载分接开关信息

项目	参数	项目	参数
型号	ZVMD Ⅲ 700-126/C-10193W	出厂日期	2016/7
结构形式	真空灭弧式	投运日期	2017/9/28
过渡电阻	3.4 Ω	动作次数	3 654

4.2 故障检查情况

4.2.1 变压器整体现场情况

调压开关侧油箱侧壁部分因分接开关油室油喷出，有黑色污渍。根据现场情况初步判断变压器没有明火发生痕迹。除分接开关外，其他部件外观无损坏。

器身基本未受污染，调压引线因电动力崩乱，引线支架有脱落，部分引线绝缘破损。A 相和 C 相线圈最外侧围屏下移，遮住了线圈底部油道，如图 4.24 和图 4.25 所示。

图 4.24 故障后变压器及器身外观

图 4.25 引线变形及夹持件断裂脱落情况

4.2.2 分接开关检查情况

（1）有载分接开关顶盖在螺栓连接处撕裂，掀翻在一侧，芯子从本体冲出，并落至变压器本体附近地面，开关芯子落地处有明火，落地位置距变压器本体较远，如图 4.26 和图 4.27 所示。

图 4.26　有载分接开关切换芯子

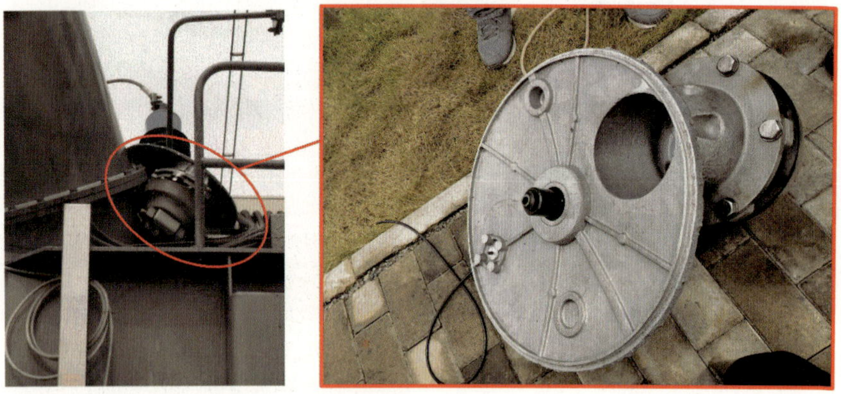

图 4.27　有载分接开关盖头及压力释放阀

（2）分接开关油室完好，分接开关油室顶盖发生凸起形变，如图 4.28 所示。

（3）芯子结构基本完整，外表有油污，顶部固定钢板有凸起形变，传动轴断裂，无其他部件脱落。储能机构、转换开关部分外视无损伤，真空泡完整无损伤，但有部分连接线扯断。A 相过渡电阻有烧损，目前尚无法确认是故障时产生还是冲出油室后的燃烧所致，如图 4.29 所示。

（4）A 相[见图 4.30（a）]、C 相[见图 4.30（b）]主触头有烧蚀痕迹，连接板也有烧蚀痕迹，其中 C 相更严重。

图 4.28　切换油室

图 4.29　切换芯子

(a) A 相

(b) C 相

图 4.30　动触头

（5）A 相、B 相和 C 相过渡电阻及真空泡导线被扯断，如图 4.31 所示。

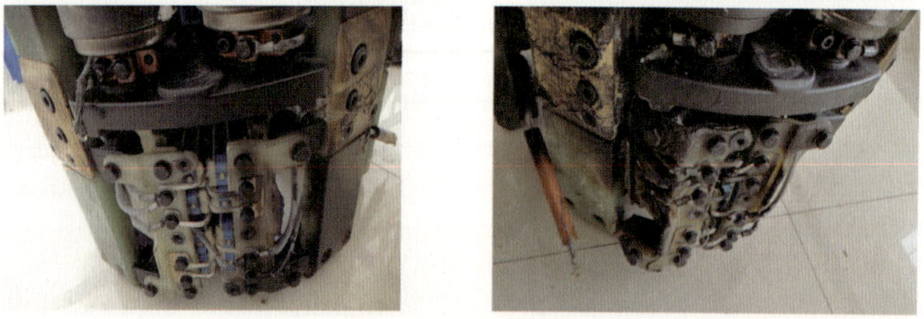

图 4.31　连接线

（6）分接选择器破坏较严重，其中 C 相和 B 相动触头脱落，C6、B5、B6 对应的触头烧蚀严重，如图 4.32 所示。

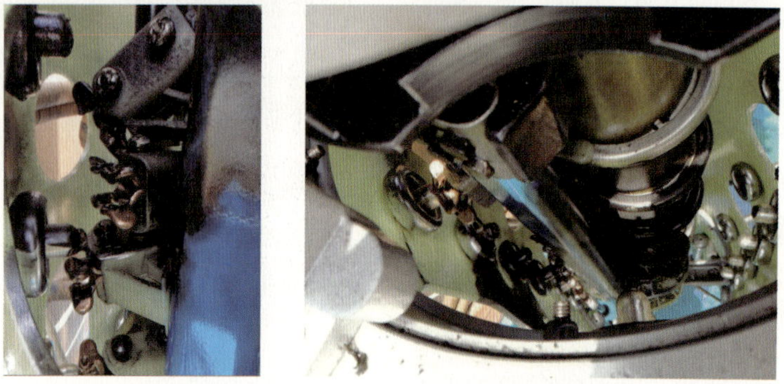

图 4.32　分接选择器

（7）A 相切换油室的静触头至分接选择器的连线被扯断。C5 档和 K 档对应的引线受短路电动力影响最大，C5 档对应的引线烧损严重，可能是电动力引起引线位移，导致对分接选择器上的中性点位置放电导致，如图 4.33 所示。

图 4.33　分接开关外引线

4.2.3　返厂解体检查

变压器本体检查情况：变压器线圈外观完整，无明显损伤及污染情况；A 相及 C 相调压引线绑扎断裂，部分夹持件断裂掉落；C 相第 5 分接引线靠近开关位置有两处绝缘纸爆开，其中一处露铜，且有电弧烧蚀痕迹，破损绝缘可覆盖；A、C 相调压引线 5 和 6 均发生变形，而 B 相仅引线 5 变形；W2 接线线耳断裂脱落，如图 4.34 和图 4.35 所示。

图 4.34　变压器引线变形

图 4.35　引线对开关结构件放电、分接开关引线断裂

有载分接开关切换芯体检查情况：切换开关动作到位，过渡电阻完好，奇数侧载流板无过流烧蚀痕迹；转换开关 AK1、CK1 未到位；切换开关三相主载流动静触头（除 B 相单数侧动触头外）存在较严重的电弧烧损痕迹；切换开关与分接选择器连接 A6 引线断开；解体了 6 个真空泡，发现 A 相 V1 真空泡静触头存在明显过流烧蚀痕迹；主载流静触头铜片有变色变形现象。具体如图 4.36 ~ 4.38 所示。

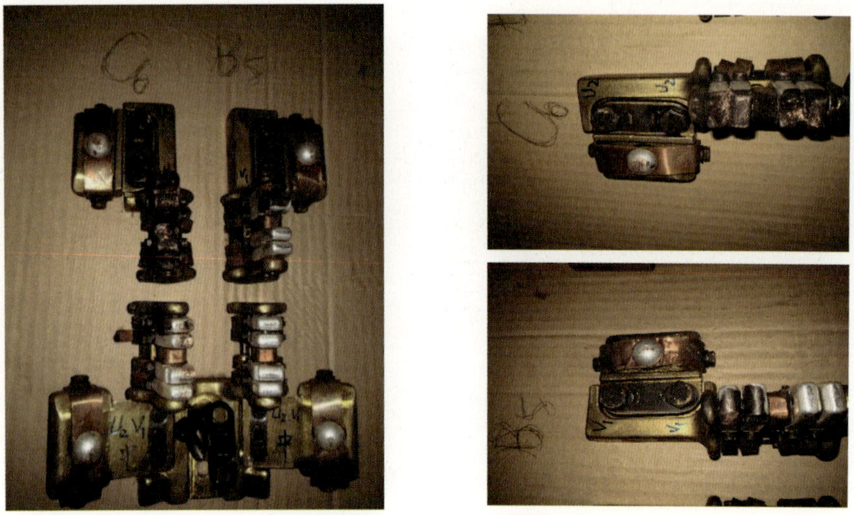

图 4.36　B、C 静触头

图 4.37　A、B 静触头

图 4.38　A、C 静触头

有载分接开关分接选择器检查情况：分接选择器绝缘主轴变形，分接选择器动、静触头偏离，C6、B5、B6 分接动、静触头存在不同程度的烧蚀现象，C6、B5 掉落至 B5 分接动触头处，如图 4.39 所示。

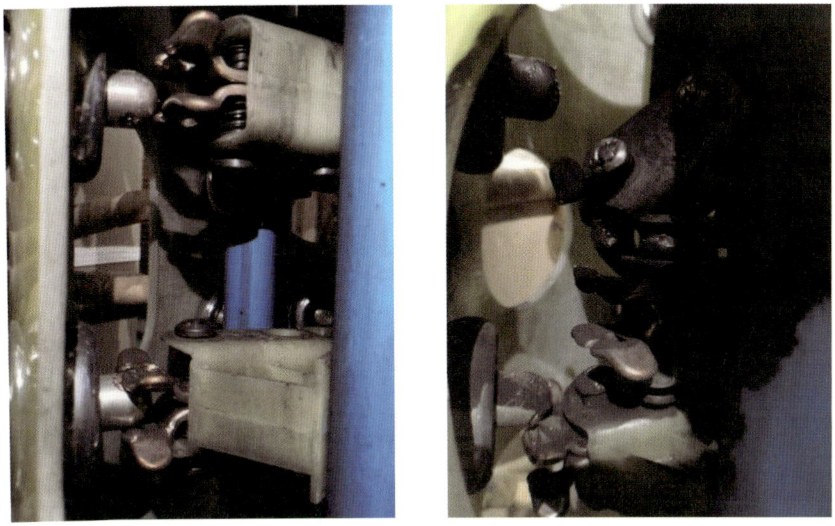

图 4.39　分接选择器动、静触头

4.3 故障原因分析

根据故障录波图、保护动作时序和故障现象，认为本次变压器故障事件由真空有载分接开关的切换开关内部故障引起。切换过程中，内部发生了极间和相间短路（A6 及 C5、A5 及 B6），在短路电流作用下引起分接引线变形、位移和撞击，造成绝缘受损，对极性选择开关的金属支架放电，产生的环流造成分接开关选择器 C6 动静触头熔化，熔铜及污染物掉落后引起 C6 对 B5 相间短路，短路电流产生的巨大冲击力导致主轴折弯，动静触头脱离，C6、B5 动触头掉落。

第 5 章　变压器非电量保护异常动作跳闸

1 220 kV 主变非电量保护异常导致变压器击穿放电

1.1 故障情况说明

1.1.1 故障基本情况

8 月 14 日 05 时 53 分，某变电站 220 kV 2 号主变差动保护动作、本体重瓦斯保护动作，跳开主变三侧断路器，10 kV Ⅱ段母线失压。

1.1.2 故障过程描述

8 月 14 日 05 时 53 分，某变电站 220 kV 2 号主变差动保护动作、本体重瓦斯保护动作，跳开主变 220 kV 侧 202 断路器、110 kV 侧 102 断路器、10 kV 侧 002 断路器，10 kV Ⅱ段母线失压。06 时 03 分，值班负责人接调控中心电话通知，某变电站 220 kV 2 号主变跳闸，无保护动作信号。

1.1.3 故障设备基本情况

故障变压器原为某厂 1987 年 12 月生产的 SFPSZ7-180000/220GY 型变压器。变压器已运行超 30 年，整体的抗短路能力相对较差，能耗较高，同时部分元器件老化，局部漏油且锈蚀。为延长变压器寿命，2019 年通过返厂改造的方式进行轮换大修。2019 年 11 月曾对 220 kV 2 号主变进出油管道进行地面部分管道的拆除安装工作。

1.2 故障检查情况

1.2.1 外观检查情况

现场检查 220 kV 2 号主变本体、主变三侧套管、220 kV 侧 202 断路器 CT、110 kV 侧 102 断路器 CT、10 kV 侧电抗器外观正常，未发现明显异常，如图 5.1 所示。

图 5.1　220 kV 2 号主变外观

对 220 kV 2 号主变本体油位、有载油位、套管油位、瓦斯继电器、集气盒检查进一步检查，发现本体油枕油位指示为零。本体压力释放阀及各法兰接头处未发现明显漏油点，本体瓦斯继电器内无油，本体瓦斯继电器引下集气盒内无气体，高压侧三相套管油位正常，无漏油痕迹，如图 5.2 ~ 5.6 所示。

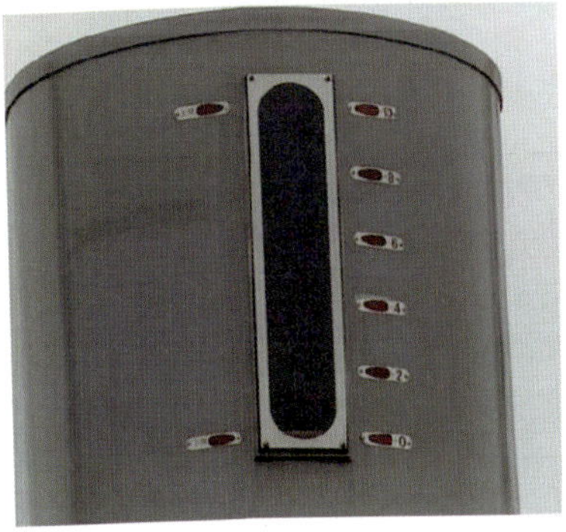

图 5.2　主变储油柜

图 5.3　分接开关储油柜

图 5.4　本体瓦斯继电器两侧阀门

图 5.5　本体瓦斯继电器集气盒

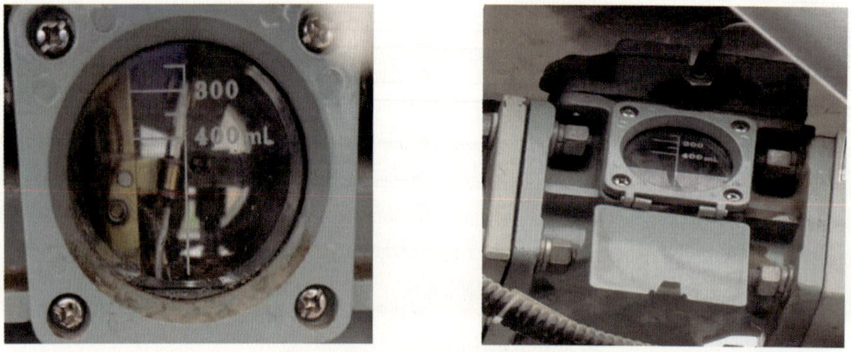

图 5.6　本体瓦斯继电器

高压侧三相套管油位正常，无漏油痕迹，如图 5.7 所示。

图 5.7　套管油位指示

现场检修人员对主变本体及地面进行检查，未发现明显漏油痕迹。在对在线油色谱排查过程中，发现直埋入地下的输油管道存在多个漏油点，电缆井中存在积油情况，如图 5.8～5.11 所示。

图 5.8　电缆沟内观测油流点

图 5.9　在线油色谱装置油管破损点

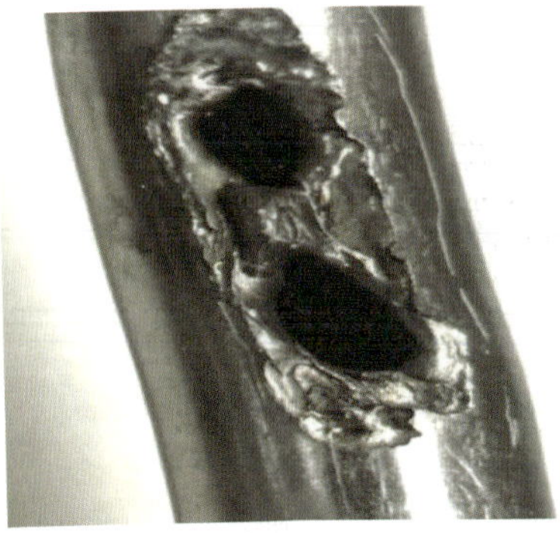

图 5.10　第一处漏油点

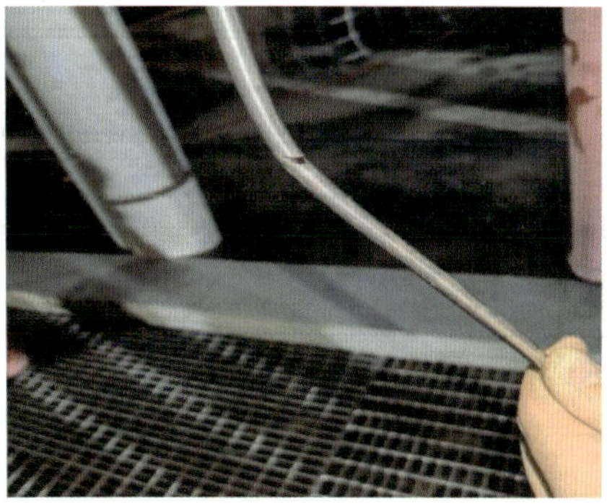

图 5.11　第二处漏油点

1.2.2　试验检查情况

从主变投运至事件发生，化学专业共开展 8 次油样色谱分析，未发现异常。2020 年 1 月 10 日检修专业完成该 220 kV 2 号主变首检检修工作，检修无异常。同时间完成该 220 kV 2 号主变首检试验工作，试验合格（频响法绕组变形测试发现轻微变形）。该 220 kV 2 号主变在线油色谱监测装置自 2018 年 8 月投入运行至事件发生，共计维护 10 次，未发现装置异常。

1.2.3　解体检查情况

8 月 16 日，现场主变退油后，检查发现 220 kV 侧 B 相套管均压环对升高座筒壁有明显放电痕迹，升高座内 CT 托架有明显放电痕迹。

经现场拆除套管检查，放电点为套管均压环对套管升高座平行位置放电，如图 5.12 ~ 5.14 所示。

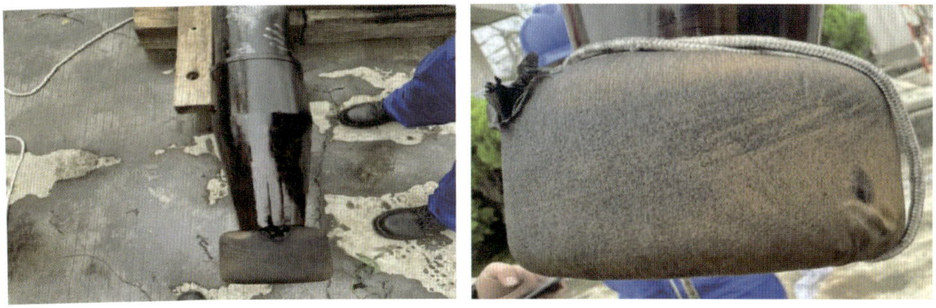

图 5.12　B 相套管放电点

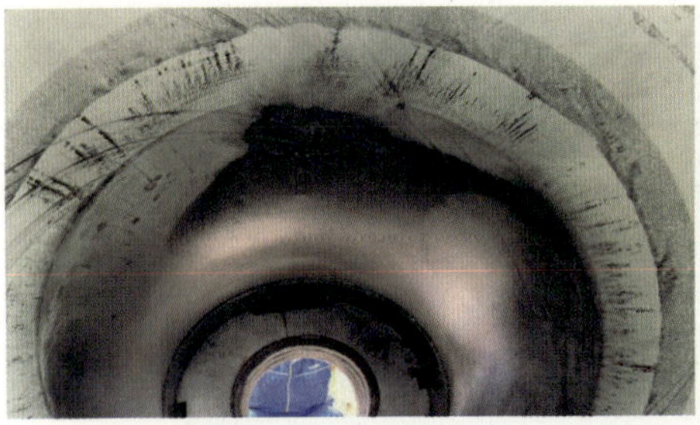

图 5.13　B 相套管升高座

图 5.14　B 相套管升高座 CT

1.3　故障原因分析

本次事故的原因为：在线油色谱监测装置输油管防护镀锌钢管未接地，外引地网存在故障，在发生线路接地等故障时在线油色谱输油管道与防护镀锌钢管、穿缆盖板间产生电位差放电，造成管道熔融破口，输油管道与变压器本体油箱连通，引起变压器漏油。当变压器本体油位降低至套管升高座以下，套管均压环与升高座外壳间绝缘击穿放电，造成单相短路接地。事件发生前“本体油位异常告警”信号未发出，轻瓦斯动作信号报文未解析形成遥信告警，调度与巡维中心未能收到告警信号，现场巡视未发现隐蔽漏油点，也未对站端后台监控信号检查，错过提前发现并处置异常的机会。

2　500 kV 变二次端子排绝缘降低引发主变跳闸

2.1　故障情况说明

2.1.1　故障基本情况

8 月 22 日 05 时 50 分 51 秒，某变电站 500 kV #2 主变非电量保护有载重瓦斯动作，三侧开关跳闸。事件发生时变电站附近天气多云，此前晚间有雨。根据雷电定位系统记录显示，该时段变电站附近无雷击。

2.1.2　故障设备基本情况

事件变压器于 1999 年 12 月生产，型号为 SUB-MRR；有载调压分接开关于 1991 年 1 月生产，2000 年 5 月投运。

2.2　故障检查情况

2.2.1　一次设备检查情况

#2 主变非电量保护动作后，立即组织了对#2 主变进行检查及试验（见图 5.15）。检查结果如下：

图 5.15　#2 主变有载瓦斯继电器

（1）#2 主变油化试验无异常。本体油色谱数据正常，与历史数据相比，无明显增长趋势，微水试验合格。有载分接开关油微水、耐压试验合格。

（2）#2 主变常规电气试验（绝缘电阻、直流电阻）无异常，与上次测试值比较也无明显异常。

（3）#2 主变有载瓦斯继电器无异常，并加装有防雨罩，且密封良好，内部无进水。

2.2.2　二次设备及回路检查情况

根据保护动作情况，检查发现#2 主变保护装置正常。对#2 主变二次回路进行绝缘检查，发现#2 主变本体端子箱 C 相有载重瓦斯回路端子绝缘降低。

用 1 000 V 档绝缘摇表对#2 主变非电量保护本体二次回路进行回路绝缘测试，测试结果显示有载重瓦斯回路绝缘低，数值接近 0 刻度。采用逐段排除故障，最终故障定位在#2 主变端子箱 C 相有载重瓦斯回路 63Q1 和 63Q2，如图 5.16 所示。

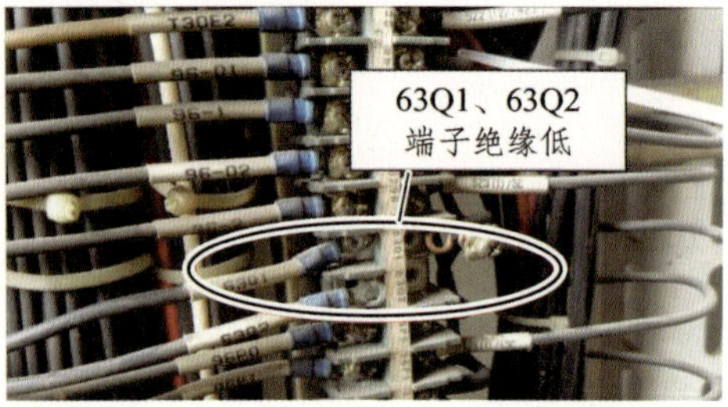

图 5.16　#2 主变端子箱 C 相有载重瓦斯回路

对拆下来的端子进行分析，端子 63Q1 与 63Q2 之间的垫片断裂为两小块，如图 5.17 所示，可以初步判断端子 63Q1 与 63Q2 之间的垫片原本已存在裂缝。进一步检查端子排，发现其他部分端子的绝缘垫片也有裂缝的情况存在，如图 5.18 所示。

图 5.17　端子排垫片裂口

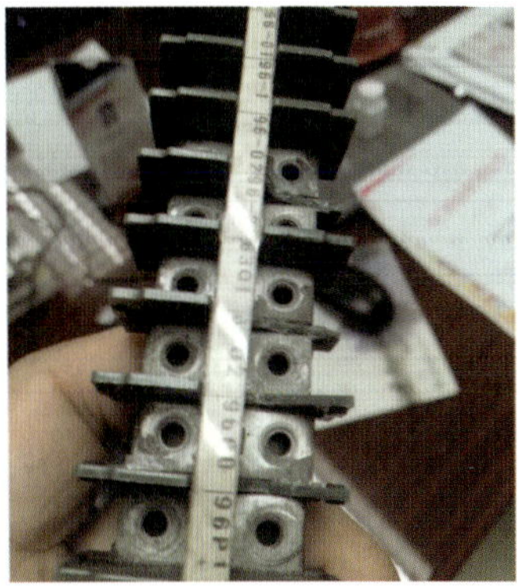

图 5.18　端子排绝缘垫片裂缝

2.3　故障原因分析

根据现场检查情况，判断本次事件的根本原因如下：端子排运行时间久，出现老化、裂缝现象，在潮湿环境和端子积灰的诱导下，端子之间绝缘降低出现导通导致跳闸。主要表现在：

（1）端子的垫片绝缘老化，存在裂缝，判断 63Q1 和 63Q2 两端子通过该裂缝放电而导致#2 主变有载重瓦斯动作。

（2）#2 主变端子箱内积污，端子及绝缘垫片有积尘，进一步导致端子绝缘降低。

（3）因当晚雨势较大，在气温较高的情况下，端子箱内湿度较大，导致端子绝缘进一步降低。

2.4　采取措施

（1）加强主变端子箱、断路器、隔离开关等端子箱巡视检查，对状态欠佳的端子箱、端子排进行更换和维护处理。

（2）全面梳理主要一次设备（主要针对变压器端子箱和 GIS 汇控柜）的二次元件及回路的现状和已存在的问题，明确设计、制造、安装、运维等阶段的技术要求。

（3）完善端子箱巡视及维护的相关标准。编制端子箱维护工作标准，明确维护周期和具体要求，并根据标准修编维护作业表单，规范端子箱维护工作。修编巡视作业表单，明确巡视检查项目，加强日常巡视工作管理。

（4）明确户外端子箱和主变端子箱技改更换策略。参照二次设备改造周期

（一般为 12 年），结合主变保护改造，应对主变端子箱进行改造，确保功能可靠。对于现存的超过 12 年未更换的端子箱，应加强监视和检查，根据设备的重要度以及端子箱的健康度，按照轻重缓急的原则制订更换计划。

（5）优化端子箱环境。端子箱内应根据空间大小配置若干个小功率加热器，对于加热器状态应进行定期检查，确保端子箱内运行环境良好。

3 500 kV 主变温控器内部凝露引发主变跳闸

3.1 故障情况说明

3.1.1 故障基本情况

8 月 2 日 11 点 44 分，某变电站监控后台报文显示“3 号主变非电量保护 RCS-974FG 油温高跳闸”，监控主接线图显示 3 号主变三侧开关 5013、213、313 开关变位，监控细节图显示 3 号主变各侧开关电流为 0。经现场检查，发现 3 号主变保护屏 C 屏上操作继电器箱 TWJ 继电器亮红灯，跳闸信号Ⅰ亮红灯、跳闸信号Ⅱ亮红灯、装置上的油温高跳闸灯亮。3 号主变保护 A、B 屏及其他保护均无异常情况。

事件发生时，变电站附近天气阴转多云，温度 20 ~ 29 °C，湿度 80% ~ 85%。

3.1.2 故障设备基本情况

故障变压器于 2012 年 9 月投运。铭牌信息如下：

型号：TOSHIBA 单相自耦变压器，ODFS-250000/500，联结组别（三相）：YNa0d11；

出厂序号：C2011044；产品代号：X749C；

额定容量：高压 175/250 MV·A，中压 175/250 MV·A；
低压 56/80 MV·A；

电压组合：$525/\sqrt{3}/230/\sqrt{3}/\pm2\times2.5\%/36$；

额定电流：825 A/1 883 A/2 222 A；

额定频率：50 Hz；空载电流：0.05%；空载损耗：78.9 kW；

器身质量：102 t，绝缘油质量：41 t，上节油箱质量：11 t，总质量：195 t；

冷却方式：ONAN/ONAF（70%/100%）；

制造日期：2011 年 8 月。

3.2 故障检查情况

3.2.1 现场检查情况

检查 3 号主变非电量及辅助保护装置运行正常，保护屏至 3 号主变本体端子箱油温高告警、油温高跳闸二次回路绝缘测试正常。现场发现 3 号主变 C 相油面温控器内有凝露，初步分析凝露导致油温高 95 °C 跳闸接点（61 ~ 64）短路，如图 5.19、图 5.20 所示。

图 5.19　3 号主变 C 相油面温控器 1

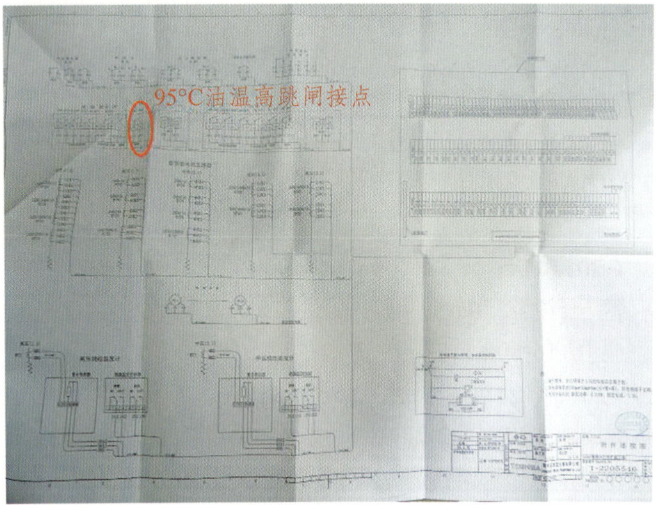

图 5.20　3 号主变 C 相油面温控器 95 °C 跳闸接点

现场打开 3 号主变 C 相油面温控器防雨箱，发现 C 相油面温控器表盘有轻微凝露，如图 5.21 所示。

打开凝露温控器表盘，发现内部的密封胶条上有水渍，如图 5.22 所示。

现场检查 3 号主变油面温控器指示在 45 °C（未达到 85 °C 告警和 95 °C 跳闸定值）、绕温表（未达到 105 °C 告警和 115 °C 跳闸定值）。3 号主变间隔内其他设备均无明显异常。

图 5.21 左侧为表盘有轻微凝露的油面温控器

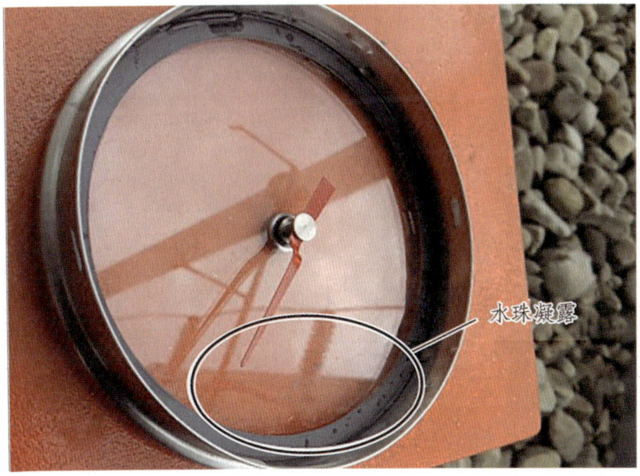

图 5.22 油面温控器表盘内侧胶条上附有水珠

3.3 故障原因分析

通过对油面温控器进行解体分析，并与温控器生产厂分析讨论，分析故障原因如下：

1. 温控器微动开关设计不合理

温控器内部的微动开关（型号：SS-10GL）未采取防潮、防凝露设计，即没有采用全密封结构，且微动开关触点之间的间隙较小（0.5 mm），在轻微凝露时出现接点误导通，如图 5.23 所示。

图 5.23 油面温控器内微动开关图片

2. 温控器航空插拔头设计不合理

温控器连接二次线的航空插拔头未取防潮、防凝露工艺，在表内发生凝露时，水分会在插拔头内聚集，并造成插拔头绝缘下降，严重时会造成表计内接线误导通，如图 5.24 所示。

图 5.24 油面温控器航空插拔头图片

3. 温控器密封设计不合理

温控器表盘采用卡槽配密封胶垫设计，长期运行易出现胶垫老化及落槽不到位的情况，进而导致密封不严。

综上分析，本次事件原因是温控器在设计方面存在一定缺陷，不能有效防止潮气入侵，潮湿天气下易造成油温表内部凝露，严重情况下造成跳闸接点接通引发主变误跳。

第 6 章　电抗器设备故障

1 500 kV 抽能高压并联电抗器起火故障

1.1 故障情况说明

1.1.1 故障前运行方式

6 月 6 日 14:21—15:40，某变电站现场下大雨。该站为双母线接线方式，事件前 500 kV 甲线三相高抗均处于正常运行状态。

1.1.2 故障过程描述

6 月 6 日 15:58 分，站内值班人员在进行 500 kV 第 5 串联络 5652 断路器由冷备用转检修倒闸操作过程中，发现 500 kV 甲线 A 相高抗着火，18:15 分，现场火灾扑灭。故障造成 500 kV 甲线高抗停运。

1.1.3 故障设备基本情况

故障设备为 500 kV 抽能并联电抗器，型号为 BKDCN-40000/500，于 2011 年 12 月 1 日生产，2013 年 4 月 27 日投运。抽能容量为 166.7 kV·A，抽能高压端子绝缘水平 LI/AC：75/35 kV，与 6 kV 箱式站用变压器采用电缆连接，箱变连接组别为 Yd11。

1.2 故障检查情况

1.2.1 并联电抗器外观检查情况

A 相并联电抗器整体烧损严重，高压套管明显烧损，而套管升高座基本保持完整，有烧黑但没有炸裂的现象；中性点套管与高压套管损坏情况类似，外部瓷套完全碎裂，可看到裸露的破裂电容芯子；套管升高座有被烧过的痕迹，同样存在漏油现象，如图 6.1 所示。

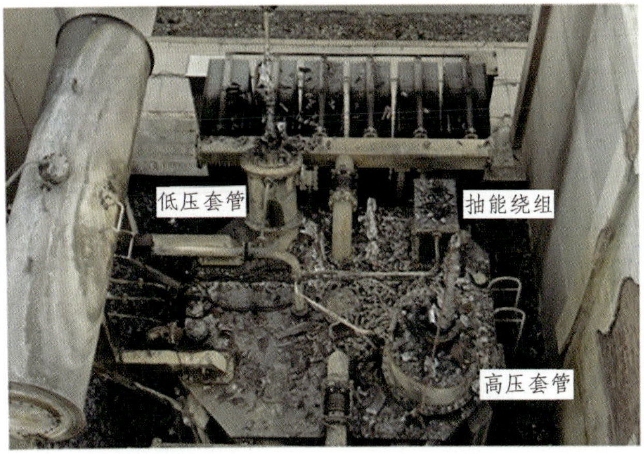

A 相电抗器高压套管

A 相高压套管俯视图

图 6.1　A 相抽能并抗整体烧损情况及高压套管损坏情况

油箱表面整体过火较为明显，油箱箱顶及箱壁表面整体已经烧黑，上下节油箱处密封在高温作用下失效，上下节油箱箱沿连接处存在漏油情况，但整个油箱未发生明显的内部炸裂情况。另外，A 相电抗器的防火墙整体过火，墙体材料有明显脱落现象。储油柜整体过火，表面烧损情况较严重，预计内部胶囊已经因高温损坏。散热器靠近避雷器侧完全过火，靠近中性线的内侧有明显火烧痕迹，外侧则基本完好，如图 6.2 和 6.3 所示。

B 相高抗因 A 相高抗起火影响，其中性点套管瓷裙出现破损现象。另外，现场检查 B 相高抗抽能绕组出线及肘型接头，未见明显烧蚀，但检查发现有受潮情况，如图 6.4 所示。

图 6.2　A 相油箱及防火墙烧损情况

（a）储油柜有大火烧黑痕迹

（b）储油柜俯视图　　（c）散热器烧损情况

图 6.3　A 相高抗油枕及散热器烧损情况

（a）B 相支柱瓷瓶受损　　（b）肘型接头

图 6.4　B 相高抗检查情况

C 相高抗抽能绕组肘型接头整体已烧焦。其中，肘型接头的三元乙丙橡胶护套螺栓与箱体螺栓间的接地线处有烧黑痕迹，且接地线已断开，如图 6.5 所示。

图 6.5　C 相高抗肘型接头已烧焦

1.2.2 预防性试验情况

故障高抗和中性点电抗器均按照500 kV油浸式高压并联电抗器预防性试验作业指导书要求定期进行预试定检，试验数据均合格。近两次预防性试验分析结果如下：

（1）2017年1月6日，试验班组对A、B和C相高压并联电抗器进行了绕组连同套管绝缘电阻、铁心和夹件绝缘电阻、电容型套管的绝缘电阻、电容型套管的电容量及 $\tan\delta$、绕组直流电阻测试，试验数据均满足《电力设备预防性试验规程》（Q/CSG 114002—2011）要求，未发现异常，试验合格。

（2）2021年5月27日至30日，试验班组对抽能高压并联电抗器中性点电抗器进行了绕组连同套管绝缘电阻、铁心和夹件绝缘电阻、电容型套管的绝缘电阻、电容型套管的电容量及 $\tan\delta$、绕组直流电阻测试，试验数据均满足《电力设备预防性试验规程》（Q/CSG 114002—2011），未发现异常，试验合格。

1.3 故障原因分析

综合故障时的天气情况、现场检查、保护动作和历史运维情况，判断500 kV并联电抗器A相初始起火位置为抽能绕组出线的肘型接头（三元乙丙橡胶）处。

肘型接头与抽能绕组连接的一端为6 kV高压端，另一端通过电缆与站用变相连。而本次故障前肘型接头电缆端未与站用变连接，处于悬浮空载状态，为防止肘型接头外护套积聚的静电荷对人员的损伤，平常会用接地线将护套螺栓与箱体螺栓连接，达到接地目的。肘型接头受潮前，其外护套与接头内导杆间处于未连通的绝缘状态，相当于串联一个电容，然后护套螺栓通过接地线与箱体螺栓连接接地。当肘型接头受潮后，接头高压端至护套螺栓间将形成受潮导电通道，如图6.6、6.7所示。

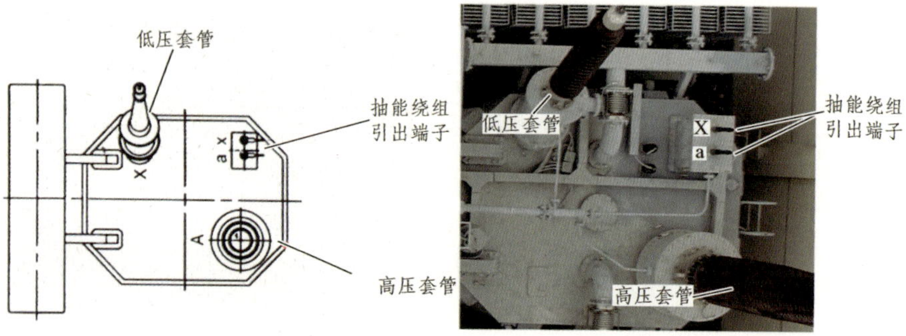

（a）示意图　　（b）实物图

图6.6 油箱顶盖各部件示意图及实物图对比

根据现场检查情况，结合故障前一个半小时内变电站下大雨的情况分析，判断A相高抗抽能绕组的肘型接头严重受潮，导致肘型接头高压端通过护套内受潮通道，到达护套螺栓，经过接地线，再到箱体螺栓，形成了“高压端→受潮通道→护套螺栓→接地线→箱体螺栓”的完整放电路径，从而引起抽能绕组两端子短路放电，造成肘型接头率先起火后导致高抗绝缘油外泄，进一步扩大过火范围，大火蔓延至套管，导致其烧损。由于套管瓷套碎片仅散落在周边，推测是过火引发瓷套烧炸，套管内没有高能电弧放电。油箱整体有过火痕迹，但没有开裂，说明油箱内部也没有高能电弧放电。大火继续蔓延至两侧墙体和旁边的避雷器，导致墙体烧损，墙体材料脱落。大火最终导致A相电抗器整体烧毁。

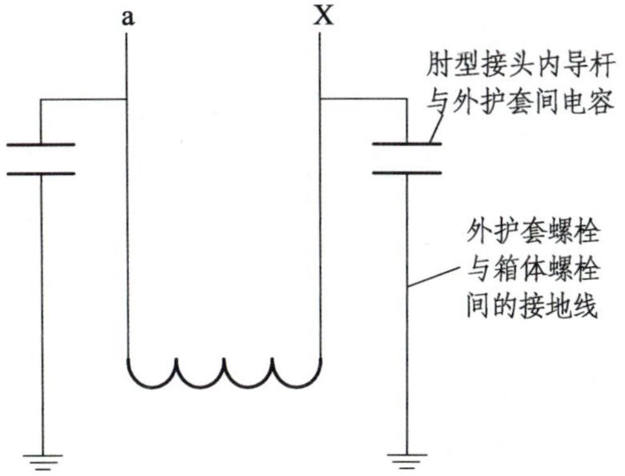

（a）电气原理图

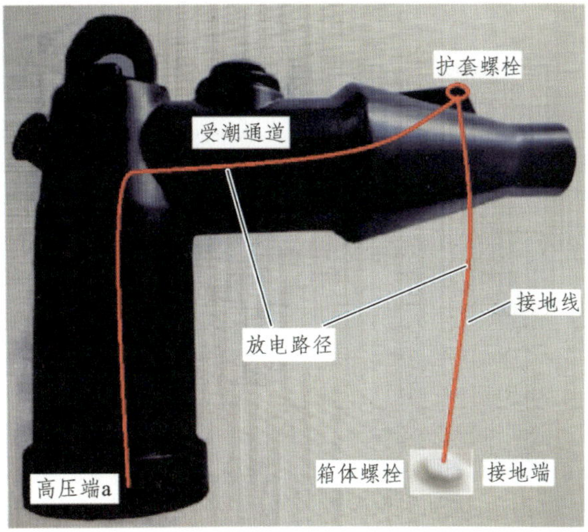

（b）放电示意图

图6.7 A相高抗肘型接头电气原理图及放电示意图

现场检查 C 相高抗抽能绕组肘型接头整体已烧焦，橡胶护套螺栓与箱体螺栓间的接地线有烧黑痕迹，且接地线已断开。因此，可推测下雨期间该相肘型接头同样受潮，并与 A 相类似形成电流通路。C 相肘型接头发生短路放电后整体烧焦，同时将接地线烧断，完整短路回路消失，以上推断均与故障录波图形反映的情况一致，放电示意图如图 6.8 所示。

B 相高抗抽能绕组尽管肘型接头护套内有雨水受潮现象，但肘型接头无烧损痕迹，推测其接地线在下大雨前或形成受潮通路前已意外断开，从而未形成完整放电回路。

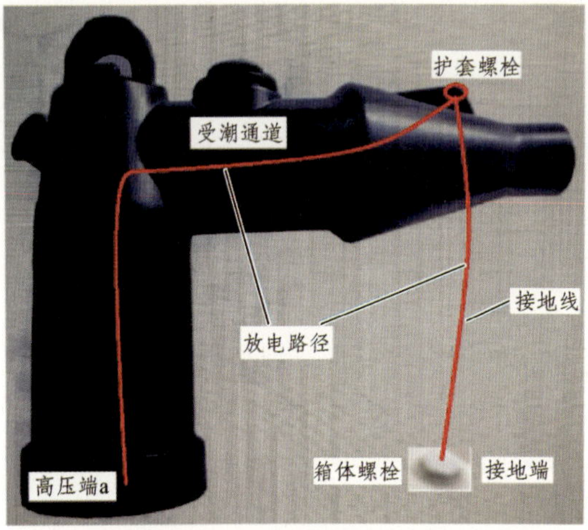

（a）前期放电

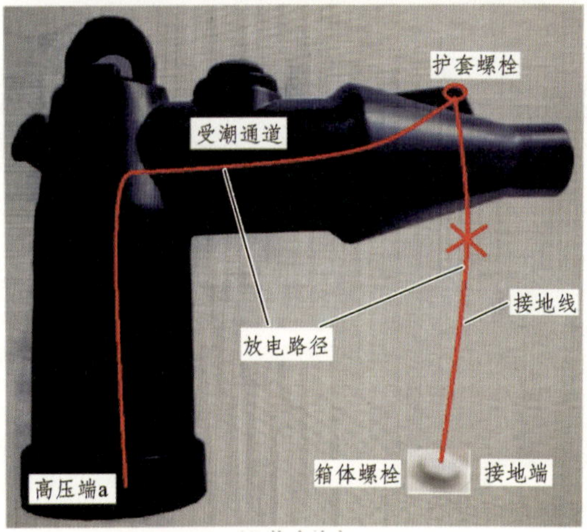

（b）后期停止放电

图 6.8　C 相高抗肘型接头放电过程示意图

2　220 kV 主变变低 10 kV 限流电抗器烧毁故障

2.1　故障情况说明

2.1.1　故障前运行方式

2017 年 4 月 19 日，220 kV 某变电站#1 主变处于检修状态，#2 主变提供全部负荷，限流电抗器上流过全部负荷电流。4 月 18 日 9 时 00 分至故障发生前，10 kV Ⅱa 母线负荷电流为 2 000 ~ 3 200 A，10 kV Ⅱb 母线负荷电流为 550 ~ 1 200 A，负荷峰值电流接近 4 500 A，超过限流电抗器额定工作电流 4 000 A。

2.1.2　故障过程描述

4 月 19 日 7 时 38 分，运行人员接站内通知：发现#2 主变变低限流电抗器室着火并听到爆炸声音，同时打 119 通知了消防人员到站灭火，地调收到故障信息，通知运行人员到站；

9 时 10 分，#2 主变变低限流电抗器室明火熄灭；

11 时 08 分，运行人员向调度申请，并使#1 主变和 10 kV 1M 恢复运行；

15 时 00 分，拆除#2 主变变低套管至变低管母软连接，拆除#2 变低进线母线桥架，完成故障设备隔离；

15 时 16 分，完成 220 kV#2 主变本体油色谱分析、三侧绕组变形试验、绕组直流电阻试验及绝缘电阻试验检查，确认主变本体正常；完成 10 kV#2 主变变低 A、B 隔离小车柜、#2 主变变低 A、B 开关柜及 10 kV 2AM、2BM 母线检查，确认隔离小车、开关柜及母线正常。

2.1.3　故障设备基本情况

故障设备为 10 kV 干式空心限流电抗器，型号为 XKGKL-10-4000-12，额定电流为 4 000 A，电抗率为 12%，一字型布置，2009 年 10 月出厂，2010 年 11 月投运。

2.2 故障检查情况

2.2.1 电抗器外观检查情况

如图 6.9 ~ 6.10 所示，三相电抗器均出现明显的铝线圈烧熔现象，在器身下方可见铝线烧熔后滴落的大面积金属液。三相器身被熏黑，C 相器身靠近门一侧经水冲洗后明显可见原本固化为一体的玻璃丝纤维包封层，呈松散状。器身上方星形架被部分或全部烧熔，烧断的支架散落在地面上。三相电抗器多个支柱绝缘子存在过热后爆裂现象。

（a）A 相

（b）B 相

（c）C 相

图 6.9　三相电抗器器身烧毁，上方星形架烧熔

（a）A 相

（b）C 相（表面冲洗后）

图 6.10　电抗器器身铝线圈和星形架烧熔，铝液滴落在地面上，支柱绝缘子爆开

从器身上看，B 相烧损最严重。B 相星形架基本全部熔断，并在进线端接线端位置熔化出 25 cm×10 cm 的凹坑。进线端接线板熔断，呈明显断口，如图 6.11 所示。

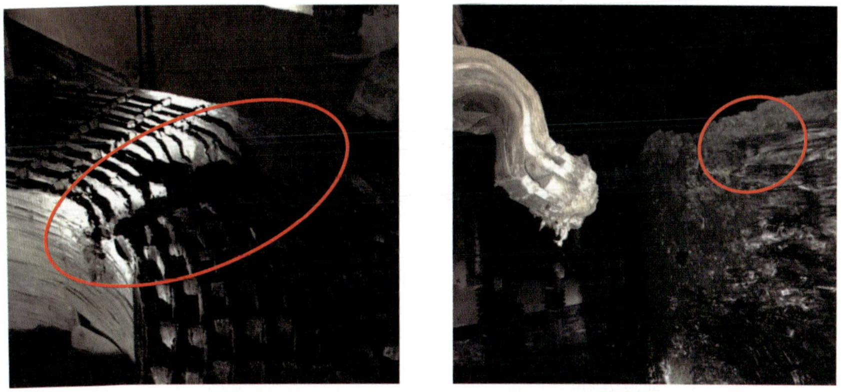

图 6.11　B 相电抗器进线端星形架烧熔，进线端接板熔断

2.2.2　电抗器室检查

检查电抗器室通风设计发现，进风口和出风口在同一侧，对流的冷空气不能穿过器身，器身散发的热量难以及时通过空气对流散发。如图 6.12 所示。

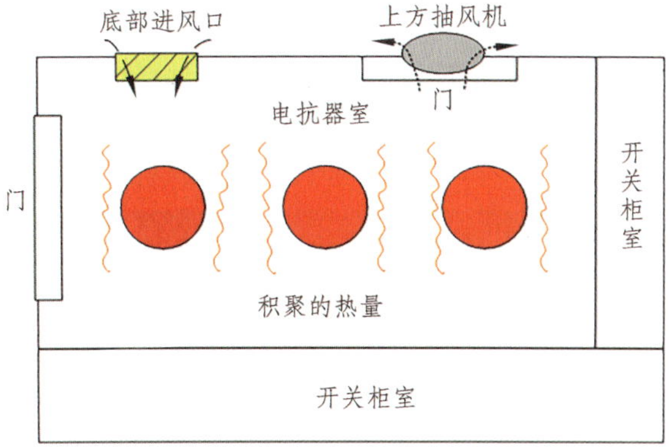

图 6.12　电抗器室通风设计

2.2.3　电气试验检查情况

近期开展的试验内容见表 6.1，结果正常。

表 6.1　近期试验项目

序号	工作内容	完成时间	备注
1	预防性试验	2014 年 9 月 22 日	周期试验
2	主变绕组变形试验	2016 年 1 月 14 日	基础沉降隐患排查
3	红外测温	2017 年 3 月 15 日	运维管控试验

2.2.4 同类型设备运行情况

该地市局在运共 10 组 10 kV 主变变低限流电抗器，分别安装在 220 kV 的 5 个变电站，除本次故障设备外其他设备运行情况良好。

2.2.5 返厂调查与电抗器解体情况

三相限流电抗器基本全部烧毁，原限流电抗器线圈本体绝缘的环氧浸渍已全部燃烧殆尽，仅剩失去固化的玻璃丝带，如图 6.13、图 6.14 所示。

图 6.13 包封解体过程

图 6.14 失去固化的玻璃丝带

在限流电抗器各个包封的解体过程中，发现换位铝导线“松软”几乎无抗弯性，可基本判断导线过热时的温度超过导线的退火温度 500 °C。在限流电抗器各个包封的解体过程中，各包封发现大量换位铝导线熔断口，熔断口断面处，不同匝的换位导线熔接在一起，如图 6.15、图 6.16 所示。

图 6.15　过热退火软化的换位导线

图 6.16　换位导线熔断口各匝导线熔接

解体初步结论如下：

（1）三相电抗器已烧毁，原环氧浸渍已完全燃烧，玻璃丝带完全失去固化，换位导线也完全失去固化，结构松散。

（2）电抗器发生匝间短路是导致电抗器烧毁的直接原因。

（3）电抗器过热时的整体温度已超过铝导线的退火温度 500℃，局部超过金属铝的熔点温度。

经排查，该厂家该型电抗器并未进行型式试验，不能确定该型产品是否满足技术规范的全部要求。

2.3　故障原因分析

经分析，电抗器发生匝间短路，短路环中形成的短时大电流和瞬时高温过热是电抗器起火燃烧的直接原因。

本次故障的原因包括以下几个方面：

（1）产品质量方面：该类型产品未进行型式试验，其合格性未知，该厂的产品质量管控存在严重的问题。

（2）产品运行方面：限流电抗器承受短时过负荷，引起器身温度偏高，导致热点温度超过电抗器匝间绝缘耐受程度，引发匝间短路。

（3）设计方面：电抗器室通风设计不良，其进风口和出风口在同一侧，器身散发的热量难以及时通过空气对流，电抗器器身温度居高不下，进一步加剧了匝间绝缘劣化。

（4）运维管理方面：在#1、#2 主变并联运行转换为#2 主变带全站负荷的运行方式后，运行过程中未注意到变低限流电抗器上流过的电流为 10 kV Ⅱa、Ⅱb 母线电流之和，实际持续工作电流达到或临时超过额定电流，未及时进行负荷管控。

2.4 应采取的措施

（1）1#主变变低限流电抗器与烧毁的限流电抗属同批次产品，结合停电计划对 1#主变变低限流电抗器返厂进行温升试验（属型式试验内容），由专业技术人员进行试验见证，以确保试验结果真实可靠。

（2）开展烧毁限流电抗器更换工作。目前已联系变低限流电抗器备品（电抗率 10%），并经设计单位核实可用，计划一个月内更换。

（3）通过电抗器大门改造等措施，改善电抗室通风条件。

（4）开展室内变低限流电抗器安装在线测温装置可行性研究，实时掌握限流电抗器温升，避免起火燃烧故障的发生。

第 7 章　电力互感器故障

1 500 kV 电流互感器内部绝缘故障

1.1 故障情况说明

1.1.1 故障过程描述

11 月 03 日 21 时 54 分 55 秒，某站 500 kV #1 站用变主一保护、主二保护引线差速断保护、引线差动保护和引线零序保护动作，跳开 5051、5052 开关三相，同时跳开#1 站用变低压侧开关。500 kV 某甲线主一保护、主二保护电流差动保护动作，跳开 5051、5052 开关 B 相，5051 开关单相重合闸成功，5052 开关单相重合闸未动作。

1.1.2 保护情况分析

500 kV 某甲线和 500 kV #1 站用变属于同一个完整串的两个间隔。由于 500 kV 某甲线 B 相差动保护和 500 kV #1 站用变 B 相引线差动保护同时动作，可判断故障点位于 500 kV 某甲线 B 相差动绕组和 500 kV #1 站用变 B 相引线差动绕组的交叉部分，即 5052 开关 CT B 相的 22 绕组和 28 绕组之间。

1.1.3 故障设备基本情况

故障电流互感器型号为 LVQBT-550W2，2009 年投运。至故障发生时已运行 7 年。

1.2 故障检查情况

1.2.1 试验验证情况

5052 开关侧电流互感器试验试验数据如表 7.1、表 7.2 所示。

根据试验结果初步判断 5052 开关侧 SF_6 电流互感器 T1 B 相存在内部故障。

1.2.2 设备解体情况

解体发现，一次导电杆 P1 侧有电弧灼伤痕迹，P2 侧无明显异常，如图 7.1 所示。

表 7.1　SF_6 微水湿度测试

标准要求	运行中≤500 μL/L，大修后≤250 μL/L		
安装位置	相别	实测值/（μL/L）	设备压力/MPa
5052-T1	A	45.1	0.45
	B	133.1	0.46
	C	42.3	0.45

表 7.2　SF_6 分解物测试

标准要求	SO_2≤3 μL/L，H_2S≤2 μL/L，CO≤100 μL/L			
安装位置	相别	SO_2/（μL/L）	H_2S/（μL/L）	CO/（μL/L）
5052-T1	A	0	0	18.0
	B	194.83	0	51.9
	C	0	0	23.9

图 7.1　一次导电杆灼伤痕迹图

二次绕组屏蔽罩 P1 侧表面有明显电弧灼伤痕迹，屏蔽罩处有大量白色粉末积聚。拆除屏蔽罩后检查二次绕组无明显异常，如图 7.2 所示。

图 7.2　二次绕组屏蔽罩灼伤

盆式绝缘子 P1 侧炸裂，破损严重，并有大量炭黑、灼伤痕迹；P2 侧存在较多裂纹，如图 7.3 所示。

图 7.3　盆式绝缘子炸裂

二次绕组引线管顶部有电弧灼伤痕迹。二次绕组屏蔽罩接地引下线断裂，二次绕组引出线电缆保护层存在过热灼伤痕迹，如图 7.4 所示。

图 7.4　二次绕组引出线

根据解体检查结果，判断故障点为盆式绝缘子，盆式绝缘子形成贯穿放电通道后，故障电流从电流互感器一次壳体经盆式绝缘子后通过二次引线管及屏蔽罩接地引下线入地。

1.2.3　故障原因分析

从放电通道的形成和故障排查结果，分析故障产生的原因极有可能为支撑绝缘子存在内部缺陷。根据故障排查发现，推测该支撑绝缘子在真空浇注过程中真空度没有达到要求，在靠近嵌件的部位产生了针状气孔和细微裂纹，细微裂纹在产品装配和运输中由于应力释放可能发生扩散，某些细微裂纹通过耐压试验不一定能发现，所以该缺陷支撑绝缘子在出厂试验和现场测试中没有被检测出来。设备在长期运行中尤其是过电压下，在内部会产生局部放电，放电逐渐侵蚀有机体并扩大裂纹，导致盆式绝缘子绝缘水平大为降低并最终击穿主绝缘。

2 500 kV 电流互感器内部绝缘放电故障

2.1 故障情况说明

2.1.1 故障过程描述

5 月 16 日 20 时 56 分，某 500 kV 变电站 500 kV 某甲线主一、主二电流差动保护动作跳开 5051B 相开关、5053 B 相开关，重合不成功，500 kV 1M 母差保护一、母差保护二差动保护动作，跳开 500 kV 1M 母线上 5011、5021、5031、5041 开关，500 kV 1M 母线失压。初步判断是 500 kV 电流互感器故障导致。

2.1.2 故障设备基本情况

故障电流互感器型号为 SKF-550，2010 年 10 月投运，运行年限 9 年。

2.2 故障检查情况

2.2.1 外观检查情况

现场检查故障电流互感器外观正常，但 B 相 SF_6压力为 0，A、C 相压力接近 0.45 MPa，其他一次设备检查无异常。根据 SOE 文件，在 5501 开关保护动作后，5501 开关电流互感器才发生压力低告警。在电流互感器故障前产品运行正常，未发现压力低情况。对 500 kV 某甲线 5051 开关、电流互感器 SF_6气体检测，开关检测正常，B 相电流互感器压力为 0，无法取气检测，A、C 相电流互感器检测正常，如图 7.5 所示。

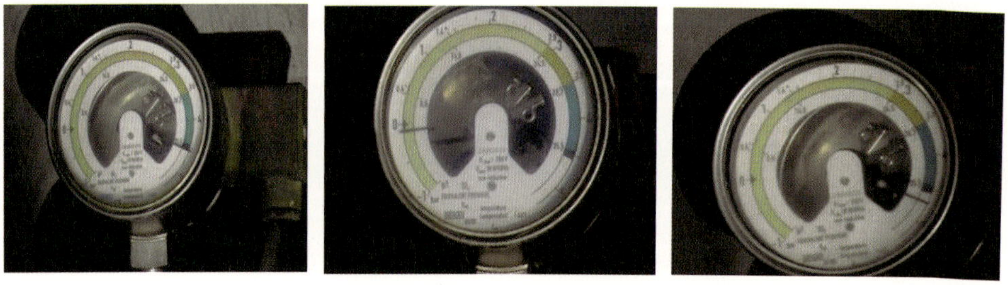

图 7.5　5051 开关三相 CT 压力

2.2.2 解体检查情况

5 月 21 日，开展了故障电流互感器试验解体检查。对故障电流互感器二次绕组进行直阻和绝缘电阻测试，测试结果合格。对故障电流互感器进行解体，解体前对电流互感器外观检查无明显异常，将军帽顶部防爆膜破裂。拆除电流互感器将军帽顶盖，电流互感器内壁及顶盖对应位置发现多处放电烧蚀痕迹。2 号绝缘拉杆烧蚀严重，1 号绝缘拉杆部分熏黑。中间固定件存在放电烧蚀痕迹，固定件屏蔽罩脱落，屏蔽罩明显烧蚀。母线侧一次导电杆存在放电烧蚀痕迹，对应二次线圈屏蔽罩发现放电烧蚀痕迹，如图 7.6 所示。

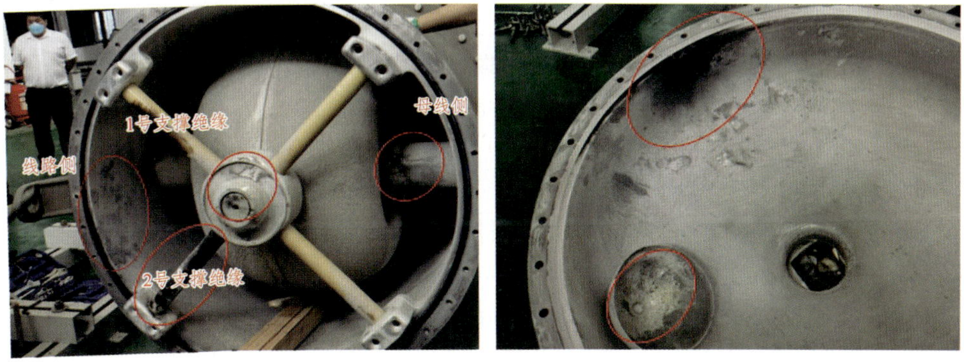

图 7.6 拆除故障 CT 顶盖图

故障电流互感器将军帽顶盖安装方式与某互感器公司 SAS 型电流互感器一致，螺栓均从顶部穿过顶盖固定在法兰上，但未见故障电流互感器有受潮痕迹。2 号支撑绝缘拉杆外部可见电弧烧蚀的凹坑，导杆内部可见脱落的纤维絮状物。一次导电杆靠母线侧存在明显放电烧蚀痕迹，且烧蚀痕迹一直持续到一次导电杆中部。二次线圈外观正常，屏蔽罩缝隙处存在熏黑痕迹，但绝缘未见破损。故障电流互感器喇叭口明显变形。

结合故障录波图和解体情况，分析认为故障电流互感器内部共发生两次放电，两次放电路径图如图 7.7 所示。第一次放电路径为：电流互感器一次导电杆母线侧→将军帽内壁→2 号绝缘拉杆→二次线圈屏蔽罩外表面以及绝缘拉杆中部固定件，故障电流在海胪甲线线路差动保护范围内，差动保护动作跳开某甲线。在此过程中，放电产生的高温高压导致防爆膜破裂，SF_6 气体泄漏，喇叭口在气压的冲击下发生变形。

第二次放电路径为：在线路差动动作 1 s 后，故障重合闸，由于 SF_6 气体泄漏，电流互感器内部绝缘强度降低，在绝缘最薄弱处发生二次短路（一次导电杆到二次线圈屏蔽罩内表面拐角处）。此时短路点靠近母线侧，在母差保护范围内，1M 母差保护动作，跳开母线上 5 条出线。

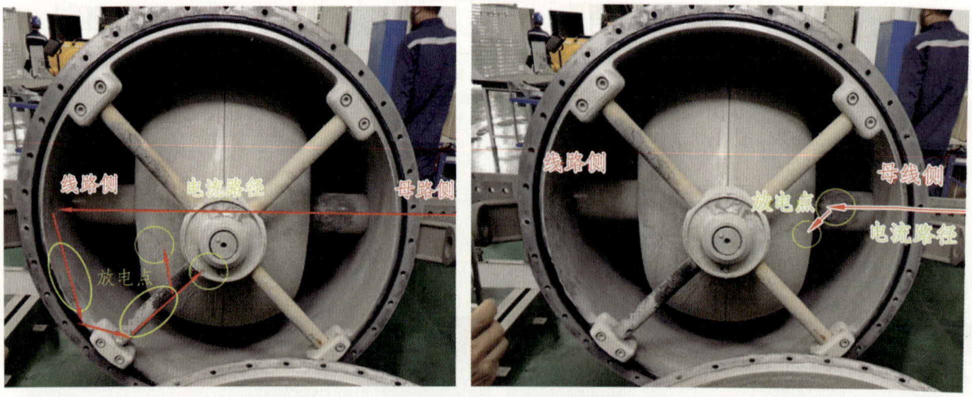

图 7.7　故障电流互感器两次放电路径图

2.2.3　故障原因分析

分析认为故障起始点发生在 2 号绝缘拉杆处。绝缘拉杆发生放电可能原因为：表面受潮和产品质量不良。

该设备投运以来，SF_6压力一直正常，故障前一周预试微水合格。若水分由绝缘拉杆引起，经过多年运行，其绝缘材料和 SF_6气体含水量过高，但由于 SF_6气体含水量合格，可排除绝缘拉杆受潮的可能。产品质量不良包括表面粗糙、内部气泡、表面裂纹等，均会造成绝缘拉杆局部场强过高，引发局部放电，加速绝缘拉杆材料热损伤和电损伤，使绝缘拉杆闪络击穿。

结合上述内容分析，电流互感器绝缘拉杆发生放电的原因是产品质量不良。绝缘拉杆如存在表面粗糙、内部气泡、表面裂纹等缺陷，可造成绝缘拉杆内部和表面场强发生畸变，并在雷电冲击等过电压作用下产生局部放电致使缺陷扩大化，最终导致绝缘拉杆发生闪络。

3　220 kV 电流互感器内部绝缘故障

3.1　故障情况说明

3.1.1　故障过程描述

8 月 26 日 15 时 26 分，某 220 kV 站 110 kV 线距离保护 II 段、零序保护 II 段保护动作跳闸，重合不成功。造成某 110 kV 站全站失压，另一 110 kV 站#2 主变停运。

3.1.2　故障设备基本情况

故障 CT 型号为 SAS123，2009 年 12 月投运，运行年限 10 年。

3.2　故障检查情况

3.2.1　外观和试验检查情况

经现场检查发现，线路 1869 开关和电流互感器压力正常，电流互感器防爆膜无动作。1869 开关回路电阻及 SF_6 气体无异常，开关断口下端绝缘电阻合格。B 相开关断口上端连同电流互感器绝缘电阻测试时无法升压，B 相电流互感器 SO_2 远超注意值，A、C 相电流互感器数据合格，判断 B 相电流互感器内部放电，其他一、二次设备无异常，如图 7.8 所示。

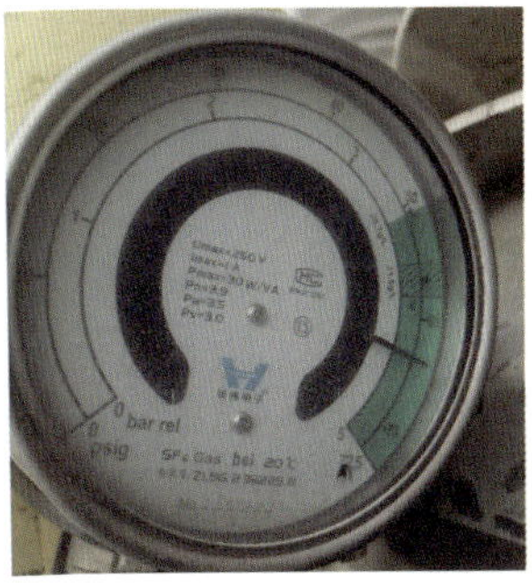

图 7.8　故障电流互感器压力正常、防爆膜无动作

对该站 110 kV 某线 1869 开关和电流互感器进行试验，结果如下：1869 开

关回路电阻及 SF_6 气体试验合格，开关断口下端绝缘电阻测试合格，B 相开关断口上端连同电流互感器绝缘电阻测试时无法升压，1869 电流互感器 B 相 SO_2 数据超过测试仪器量程，SO_2 含量远超规程注意值，1869 电流互感器 A、C 相数据均合格，判断 B 相电流互感器内部故障。

检查 110 kV 某线 N1-N27 塔及导线和避雷线，均未发现放电烧蚀痕迹。N1 塔终端避雷器、N5、N6、N8、N9、N11、N12、N14 线路避雷器均未发现异常。雷电定位系统显示，15 时 26 分 41 秒 350 毫秒 110 kV 某线 N9 ~ N10 杆塔连续落雷 9 次，最大雷电流幅值-52.5 kA。与保护启动时刻 15 时 26 分 41 秒 354 毫秒相对应。截至 8 月 28 日，完成 110 kV 某线 N1 ~ N27 塔的故障查找，包含检查 N1 塔终端避雷器及 N5、N6、N8、N9、N11、N12、N14 线路避雷器，N1 ~ N27 塔的导地线及杆塔检查，均未发现异常，无对地放电痕迹。

3.2.2 解体检查情况

对故障电流互感器进行解体，检查发现：故障电流互感器顶盖防爆膜、密封圈完好，头部电流互感器密封面未发现进水受潮痕迹，吸附剂罩烧损破裂，吸附剂散落至二次接线盒底部。故障电流互感器二次引线完好，引线屏蔽罩及电流互感器喇叭口未发现明显异常，拆开电流互感器二次绕组屏蔽罩，二次线圈均完好，如图 7.9 和 7.10 所示。

图 7.9 顶盖防爆膜、密封圈、吸附剂罩及散落的吸附剂

图 7.10 头部电流互感器密封面结构

故障电流互感器二次屏蔽罩靠近线路侧（图中编号 1、2）与母线侧（图中编号 3）有严重放电穿孔痕迹，与将军帽内壁放电痕迹对应，如图 7.11 和 7.12 所示。

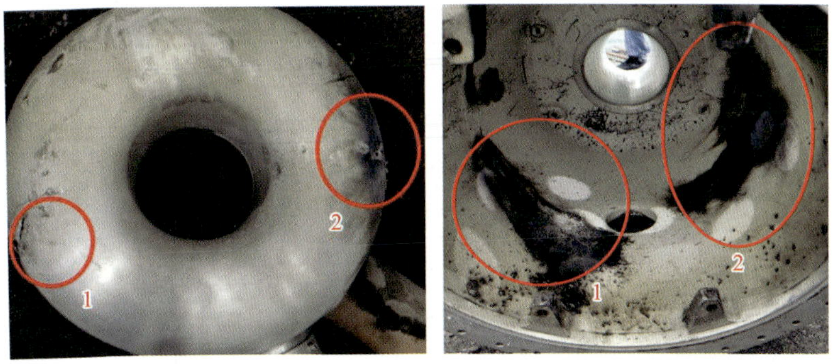

图 7.11　电流互感器二次屏蔽罩线路侧放电点及将军帽对应点

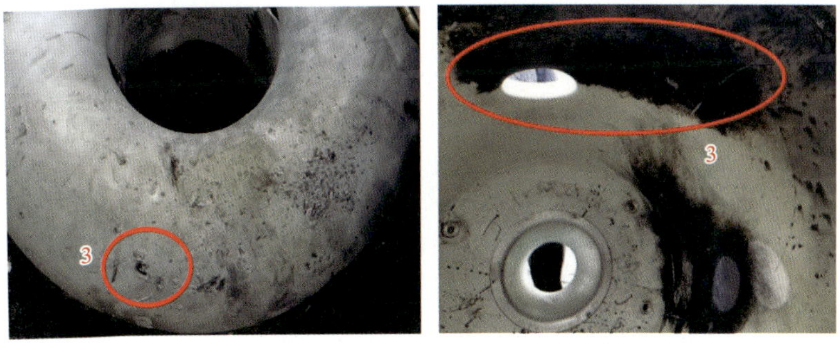

图 7.12　电流互感器二次屏蔽罩母线侧放电点及将军帽对应点

电流互感器二次绕组靠近线路侧 2 号放电穿孔痕迹旁，绝缘支撑件发现沿面放电痕迹，一次导杆均压罩近母线侧和近线路侧均有放电穿孔痕迹，如图 7.13 所示。

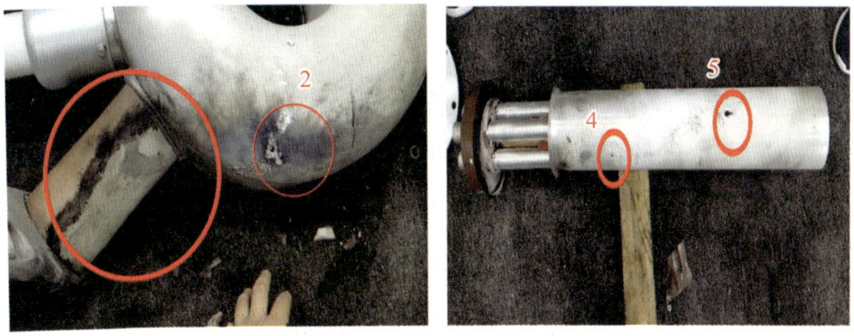

图 7.13　电流互感器靠近线路侧绝缘支撑件、一次导杆放电点

3.2.3 故障原因分析

综上检查，分析放电路径为将军帽对故障电流互感器二次屏蔽罩母线侧和线路侧均有贯穿 SF_6 气体间隙的击穿放电，将军帽对二次屏蔽罩线路侧沿绝缘支撑件至二次屏蔽罩有闪络放电，一次导电杆均压罩对二次屏蔽罩中间圆环靠线路侧存在贯穿 SF_6 气体间隙的击穿放电，具体放电路径如图 7.14 所示。

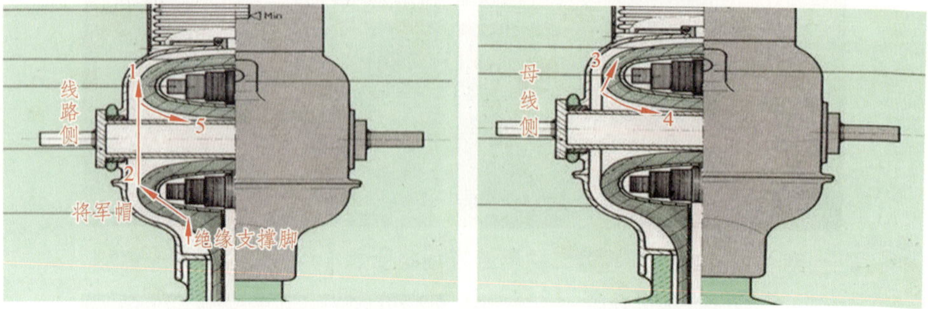

图 7.14 电流互感器内部放电路径示意图

220 kV 某站 110 kV 某线 1869 开关电流互感器变比共有三档：300∶1、600∶1 和 1 200∶1，导电杆共计 4 根。故障前电流互感器变比为 600∶1，内部 4 根导电杆通过两个外部的半圆导电带及将军帽壳体实现串联，相当于电流互感器一次侧匝数为 4。故障录波绕组为母线侧向线路侧第三个绕组，故障录波二次绕组匝数为 2 400，电流互感器正常运行工况示意图如图 7.15 所示。

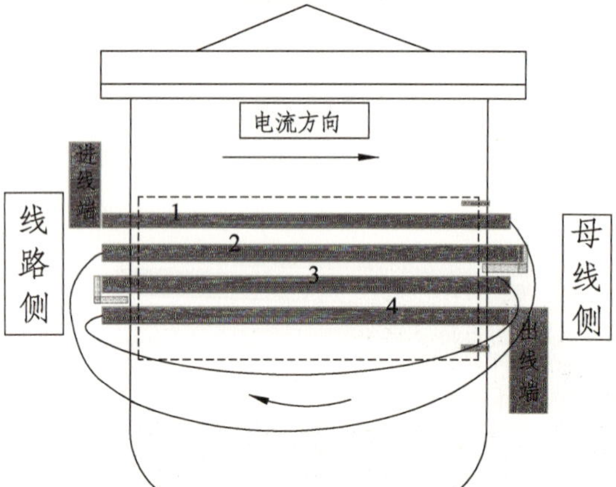

图 7.15 电流互感器正常运行工况示意图

根据故障录波图，故障起始时刻，该 220 kV 站内 110 kV 某线 1869 开关热备用，且故障电流互感器录到故障电流。结合解体情况分析认为，故障起始点为线路侧将军帽沿绝缘支撑件对二次绕组屏蔽罩沿面闪络，当雷电波从线路侧入侵后，将线路侧将军帽至二次绕组屏蔽罩的绝缘支撑件沿面绝缘击穿，造成沿面闪络放电。电流经过 1 号与 2 号导电杆后，通过将军帽与二次绕组屏蔽罩之间的放电通道入地，将 3 号和 4 号导电杆短接，故一次侧匝数为变为 2，从而导致该 220 kV 站故障电流互感器的电流（二次值 1.8 A）为对侧站电流（二次值 3.6 A）的一半。SF_6 气体放电分解产生高温及分解产物，导致将军帽对线路侧和母线侧二次屏蔽罩发生贯穿 SF_6 气体间隙的击穿放电。在故障发展到 500 ~ 590 ms 时，该站故障电流互感器的电流又降至 0.9 A，此时怀疑导电杆均压罩对二次屏蔽罩中间圆环靠线路侧发生贯穿 SF_6 气体间隙的击穿放电。导电杆均压罩在母线侧与将军帽通过螺栓连接为导电整体，此时电流在经过 1 号与 2 号导电杆后通过导电杆均压罩与二次屏蔽罩中间圆环的路径“反向”入地。导致故障录波的 3 号绕组等效一次电流将为原来的一半，即此时电流二次值为 0.9 A，并维持 90 ms 左右。这也与导电杆均压罩与二次屏蔽罩中间圆环的放电烧蚀不严重状况相对应，其电流互感器电流录波图如图 7.16 所示，导电杆均压罩与二次屏蔽罩中间圆环放电示意图如图 7.17 所示。

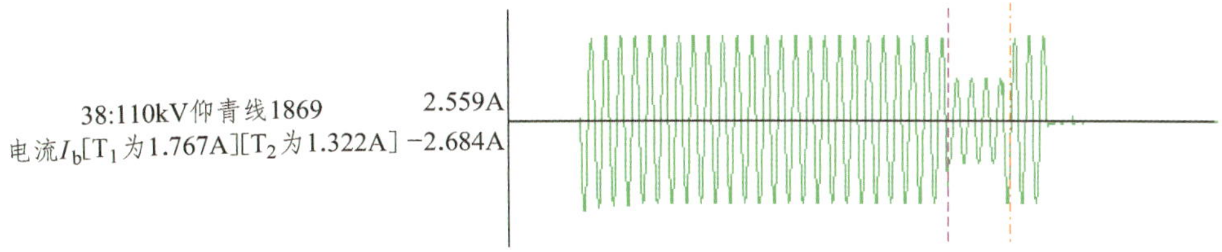

图 7.16　220 kV 某站侧电流互感器电流录波图

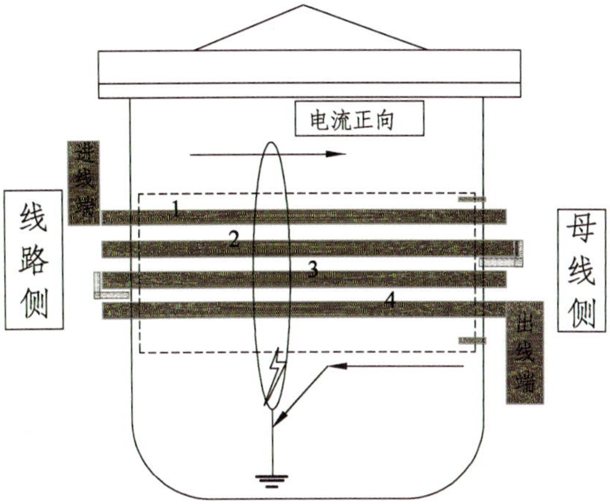

图 7.17　导电杆均压罩与二次屏蔽罩中间圆环放电示意图

结合故障录波图及解体检查情况，电流互感器故障根本原因为：雷击 110 kV 某线线路，雷电波经过 N1 杆塔终端避雷器后，在热备用状态的 1869 开关断口发生反射，导致断口电压大幅提高，超过故障电流互感器的雷电冲击耐受水平，导致 1869 开关电流互感器二次屏蔽罩对将军帽击穿放电。

4 220 kV 电流互感器内部绝缘放电

4.1 故障情况说明

4.1.1 故障过程描述

6 月 4 日 03:51，某 220 kV 站 220 kV 母差保护正确动作，跳开#1 母线多个开关。现场检查发现母联 2012 间隔 C 相电流互感器故障，6 月 4 日 7:13，隔离 220 kV 母联 2012 间隔后，恢复#1 母线运行。6 月 5 日 14:37，母联 2012 间隔 C 相电流互感器故障修复完毕，各项试验合格，可以投运。

4.1.2 故障设备基本情况

故障母联 2012 开关电流互感器型号为 LVQB-252W3，于 2009 年 07 月 01 日生产，2010 年 08 月 11 日投运。

4.2 故障检查情况

4.2.1 外观检查情况

经现场外观检测发现，220 kV 母联 2012 开关端子箱的电流端子受损，损坏电流端子为 C 相和 N 相，其中第四个绕组（备用绕组）受损情况最为严重，第一、二、三绕组次之，第五、六、七绕组未受损，如图 7.18 所示。

220 kV 母联 2012 C 相电流互感器本体接线端子盒的门变形（见图 7.19），内部接线端子变黑。

4.2.2 试验验证情况

对 2012 开关进行 SF_6 气体成分测试、回路电阻测试；对 2012 三相电流互感器进行 SF_6 气体成分、一次对二次及地绝缘电阻以及电流互感器二次绕组间绝缘电阻测试，试验结果经分析发现：

（1）2012 开关三相回路电阻及 A、B 两相 SF_6 气体成分测试数据合格，而 C 相 SF_6 气体成分测试中其 SO_2 含量为 17.4 μL/L，远超规程注意值 3.0 μL/L，判断其主要是因为 C 相开关动作切断故障电流产生的 SO_2。

图 7.18　220 kV 母联 2012 开关端子箱电流端子图

图 7.19　220 kV 母联 2012 C 相电流互感器本体接线盒图

（2）2012 电流互感器的 A、B 两相试验数据均正常，而 C 相 SF_6 气体成分、一次对二次及地绝缘电阻以及电流互感器二次绕组间绝缘电阻测试数据均异常，其中 SF_6 气体成分中 SO_2 含量为 99.9 μL/L、CO 含量为 705.1 μL/L，一次对二次及地绝缘电阻为 13.4 MΩ、电流互感器二次绕组间绝缘电阻测试时最高只能升压至 140 V，且绝缘电阻值为零或接近零，判断 C 相电流互感器一次对二次绝缘击穿接地。

综合上述试验结果，判断母联 2012 C 相电流互感器设备故障。

4.2.3　解体检查情况

该设备经解体分析发现，除壳体及底座表面油漆褪色及有锈蚀痕迹外，外观基本完好、无严重破损、紧固件无松动；打开二次接线盒盖，发现接线盒内二次接线板外侧已烧毁，如图 7.20 和 7.21 所示。

图 7.20　壳体及底座表面油漆褪色及有锈蚀痕

图 7.21　接线盒内二次接线板外侧已烧毁

打开二次接线板检查发现二次绕组引线接与铜柱连接紧固牢靠，未发现有脱落或松动现象，绕组引线及屏蔽引线连接正确；引线均有不同程度的烧断，可明显看到有大量分解物粉末及洒落的吸附剂，如图 7.22 所示。

对该台设备壳体等部件拆下检查，发现壳体与法兰及一次端子紧固件无松动；打开一次导杆后，内部异味较大；一次导体有放电痕迹，如图 7.23 所示。

图 7.22　引线都有不同程度的烧断

图 7.23　一次导体有放电痕迹

一次铜导体上镀锡层有局部烧毁脱落痕迹；壳体内有大量燃烧后的积碳；二次绕组组件屏蔽筒侧面盖有松动且轻微变形，从屏蔽罩缝隙中可以看到内部已烧毁，一次导体放电处对应的屏蔽筒内壁部位同样有放电痕迹，同时在屏蔽筒内壁附着锡层飞溅物，如图 7.24 所示。

屏蔽筒内的二次绕组均已出现不同程度的烧毁，其中 4S 绕组漆包铜线和绝缘聚酯薄膜材料均已烧毁至铁心，且每对二次绕组引出端至二次端子接线盒导线也已被烧毁，如图 7.25 所示。

图 7.24　二次绕组表面放电和内部烧毁

图 7.25　屏蔽筒内的二次绕组都已出现不同程度的烧毁

4.2.4 故障原因分析

结合解体后设备损坏现象，该台故障设备的击穿原因初步分析如下：备用的 4S 二次绕组全部匝数分两层绕制，判断其在内层绕制中存在导线接头现象，导线接头焊接后尖端处理不合理，导致其两层线匝发生层间短路，短路发生后短路处绝缘材料被烧毁产生积碳，并扩散到二次屏蔽筒外的 SF_6 气体中，进而导致 SF_6 气体绝缘性能下降，造成设备一次导体同二次屏蔽筒间绝缘间隙被击穿，击穿电流流过屏蔽接地引线时烧断接地线，然后又烧断二次绕组引线。而二次组件接地线起到正常的工作接地作用，其导线截面只能通过较小的泄漏电流，其不能满足短路电流通流要求，导致被短路电流烧毁。部分短路电流通过二次绕组引线到达端子柜，从而将端子柜中的接地线烧毁。

5　110 kV 电容式电压互感器电容击穿故障

5.1　故障情况说明

5.1.1　故障前的运行方式

220 kV 母线并列运行，110 kV 母线并列运行，10kV 母线分列运行；#1 主变挂 220 kV#1 母线、110 kV#1 母线，带 10kV#1 母线，#2 主变挂 220 kV#2 母线、110 kV#2 母线，带 10kV#2 母线、#6 母线。故障前，#2 主变运行在 5 档。

5.1.2　故障过程描述

2 月 11 日上午，调度发现某 110 kV 变电站 110 kV 11PT C 相电压偏低（二次值 C 相 61.5 V，其他两相 64.7 V），通知变电一所检查，当日上午继保人员测量 PT 端子箱保护和计量两个绕组确认 C 相电压均偏低，运行人员红外测温未发现异常，10 kV1M 母线电压正常，如表 7.3 所示。当时运行方式：该站 110 kV 1M、2M 母线分段运行。

表 7.3　某 110 kV 站 110 kV 1MPT 二次电压测量情况　　单位：V

电压	AN	BN	CN
保护组电压	60.0	60.0	57.3
计量组电压	60.0	60.0	57.3
$3U_0$	4.73		

5.1.3　缺陷设备基本情况

缺陷设备基本情况如表 7.4 所示。

表 7.4　设备参数

型号	WVB110-20H	额定一次电压/kV	$110/\sqrt{3}$
出厂编号	A：105200	B：105201	C：105202
二次绕组	额定电压/V	输出容量/V·A	准确级
1a-1n	$100/\sqrt{3}$	100	0.2

续表

二次绕组	额定电压/V	输出容量/V·A	准确级
2a-2n	$100/\sqrt{3}$	150	0.5
da-dn	100	100	1.0/3P
出厂日期	2002-9		

5.2 故障检查情况

5.2.1 解体检查情况

解体发现电压互感器中压电容 $C2$ 的一个元件击穿（见图 7.26），导致输出电压降低，分压器共 54 个元件，$C2$ 抽 16 个，电压互感器运行时 $C2$ 电压（即中间变压器一次电压）为 $110/\sqrt{3}\times16/54=18.82$ kV，当 $C2$ 的一个元件击穿后，完好的总元件为 53 个，$C2$ 完好元件为 15 个，电压互感器运行时 $C2$ 电压变为 $110/\sqrt{3}\times15/53=17.97$ kV，降低 4.5%，与设备运行时测量的二次电压降低的幅度吻合。

图 7.26　分压器解剖

5.2.2 故障原因分析

电压互感器设计时考虑分压器是设备主绝缘，需承受线路高电压，确保设备在任何情况下不会发生主绝缘击穿导致线路接地而危及电网运行安全的恶性事故，所以分压器的绝缘裕度很大，正常情况下系统运行时不会造成分压器的损坏。

推测元件击穿的原因，可能是运行中受雷电冲击或操作冲击，致元件绝缘介质损伤，2 月 11 日一个元件击穿，或者是厂家在元件卷绕过程中，一层或多层绝缘介质受到机械损伤（完好元件共 5 层绝缘介质，三层聚丙烯薄膜两层电容器纸），元件场强增大，设备长期运行致完好的介质层绝缘老化，最终击穿。

第 8 章　直流工程主设备

典型故障缺陷

1 换流变压器磁屏蔽放电故障

1.1 故障情况说明

1.1.1 故障过程描述

11 月 2 日 16:00，制造厂家对 HY2 换流变压器开展阀侧交流外施耐压试验。首次加至试验电压 909 kV，5 min 后在阀侧 2.1 局放监测端出现间歇性>100 pC 局部放电信号，最大放电量约为 1 600 pC，换流变压器偶尔传来“噼啪”异响。试验站人员怀疑存在外部局部放电干扰的可能性比较大，中断试验后对换流变压器接地并取油样，测量油中溶解气体含量无异常；测量铁心绝缘电阻也在正常范围内。

进一步定位寻找局放源和异响源。首先脱开换流变压器对串联谐振设备本身检测。检查和紧固交流谐振发生器上全部螺栓及连接后，空载加压交流谐振发生器至 950 kV 并持续 20 min，局部放电量<30 pC，排除了试验设备带来的局放干扰可能。随后，重新对 HY2 换流变压器第三次开展阀侧交流外施耐压加压。在加压至 850 kV 以上电压后，出现“噼啪”异响，并测得 500 pC 左右稳定局部放电量。

采用局部放电超声定位仪定位确认油箱中部位置信号源传出较大定位信号，超声定位信号与局部放电信号干扰信号相匹配。基本确认，换流变压器异响由油箱内传出。相关测试记录如表 8.1 所示。

表 8.1 阀侧交流耐压试验过程记录

电压/kV	持续时间/min	局放/pC	现象
800	20	无局放	—
850	10	无局放	—
909	5	1600，闪现	听到放电声，有放电信号
850	10	500	听到放电声，有放电信号
896	10	600	听到放电声，有放电信号

排查外部干扰后再次加压到 896 kV，持续 5 min，在阀侧 2.1 和 2.2 套管端

子可以测到约 600 pC 的局部放电信号，铁心及夹件无放电信号，听到调压引线侧且靠近阀侧套管端有断续放电声，声音清脆，初步判断换流变压器内部有放电现象。

1.1.2 故障设备基本情况

该换流变压器为单相双绕组，铁心采用单相四柱式结构形式，换流变压器油箱屏蔽采用铝屏蔽，基本参数如表 8.2 所示。

表 8.2 换流变压器基本信息

项目	参数
型号	ZZDFPZ-248600/500-800
冷却方式	ODAF
油面温升	40 K

1.2 故障检查情况

1.2.1 局放排查和定位

在试验过程中，进行了超声波定位，发现在调压侧箱壁非开关侧有信号，定位过程如下：

第一次超声波定位：在箱壁共选取了编号为 1、2、3、4、5 的五个点位进行超声波定位，发现 1 号和 5 号点位信号最强。

第二次超声波定位：在箱壁的 1 号位置附近进一步定位，总共定位了编号为 6 ~ 12 的七个点位，发现 10 号点位信号最强，如图 8.1 所示。

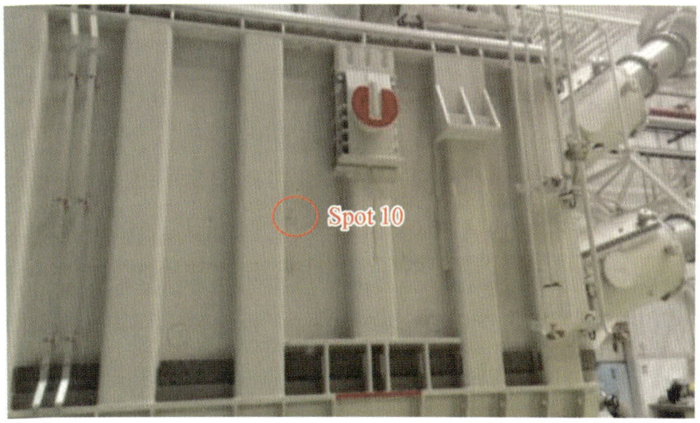

图 8.1 超声定位发现的局部放电区域

经分析，初步确定声音来源为靠近阀侧部分的油箱磁屏蔽，排除了线圈放电的可能性（局放电压不下降，油色谱无异常）。继续加压，再次确认放电位置为油箱磁屏蔽，放电点应为浅表放电。至此，确认油箱磁屏蔽可能存在悬浮放电。

1.2.2 进油箱检查情况

对换流变进行排油后开展进箱检查，没有发现异常现象，具体检查过程如下：

（1）检查定位处的铝板与箱壁之间的连接线，在连接状态下测量，铝板与箱壁连接正常，符合图纸要求。

（2）拆开上下两块铝板与箱壁的连接线，测量铝板和箱壁之间的绝缘电阻，测量值分别为 251 GΩ 和 204 GΩ，满足设计要求值>50 MΩ 的要求。说明铝板与油箱箱壁之间是通过一点进行可靠连接，符合图纸要求。

（3）器身外观检查，未发现明显异常。由于铝板外部有整张绝缘纸板覆盖，人员进入油箱后，无法拆除绝缘纸板，故无法检查到铝板表面螺栓及螺栓外的屏蔽盖是否有异常，如图 8.2 所示。

图 8.2 油箱内壁表观正常（未拆卸铝屏蔽外表覆盖的绝缘纸板）

1.2.3 吊芯检查情况

11 月 9 日吊出器身线圈，检查未发现异常，接着拆除油箱磁屏蔽外部覆盖的双层绝缘纸板，在拆除故障定位的 10 号点位置覆盖在磁屏蔽上的绝缘纸板时（每块铝板上覆盖两块绝缘纸板），发现靠近器身侧的绝缘纸板无异常，靠近磁屏蔽侧的绝缘纸板上存在放电痕迹，并在放电痕迹对应位置的屏蔽帽位置，发现铝板开孔边沿有凸起，该凸起高约 1 mm、长约 5 mm、宽约 2 mm。仔细检查每一组磁屏蔽帽，发现部分磁屏蔽帽存在安装不到位，屏蔽帽顶部突出铝板表面的情况，如图 8.3 所示。

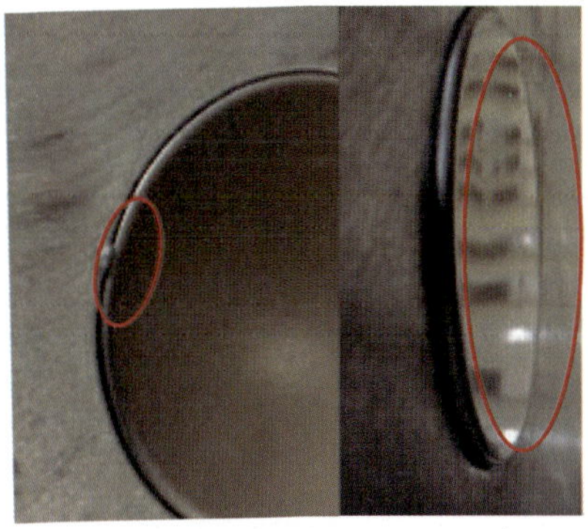

（a）磁屏蔽帽与安装孔边沿有凸起及安装不到位情况

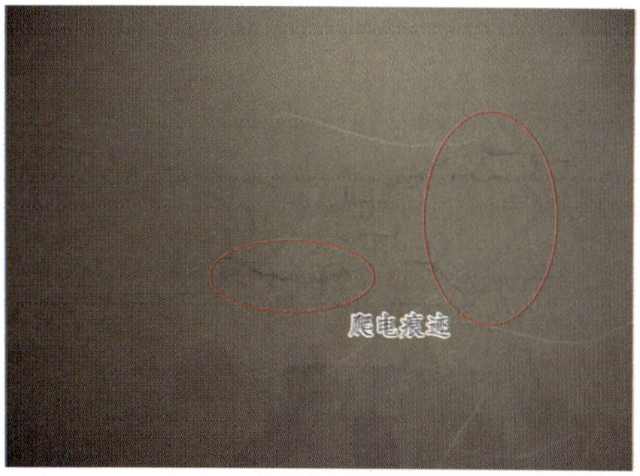

（b）覆盖磁屏蔽的纸板表面有爬电痕迹

（c）磁屏蔽帽与安装孔边沿有凸起

（d）部分磁屏蔽帽安装不到位

图 8.3　解体发现的放电痕迹及安装异常

1.3　故障原因分析

根据故障解体实际情况，仿真计算了磁屏蔽存在局部凸起导致楔形油隙情况下模型的电位及电场分布情况，如图 8.4 所示。凸起的尖端及楔形油隙场强畸变严重，楔形油隙最大场强由 2 500 V/mm 升高到 6 185 V/mm，凸起的尖端场强也达到 5 559 V/mm。即由于磁屏蔽帽安装不当导致的凸起，使磁屏蔽与绝缘纸板间的油隙场强增大了 2.47 倍。局部较高的场强畸变和集中易导致对应位置的局部放电，在高电压反复作用下，楔形油隙中的局部放电在纸板上留下爬电痕迹，这与解体观察到的现象一致。

结合试验现象、故障解体检查和仿真计算结果，确定故障原因为：铝板屏蔽帽安装位置表面有凸起，该凸起表面覆盖绝缘纸板，使得纸板、磁屏蔽之间形成楔形油隙，引起电场畸变，导致尖端放电，多次加压引起的局部放电使得覆盖在磁屏蔽帽上面的绝缘纸板表面形成了放电痕迹。

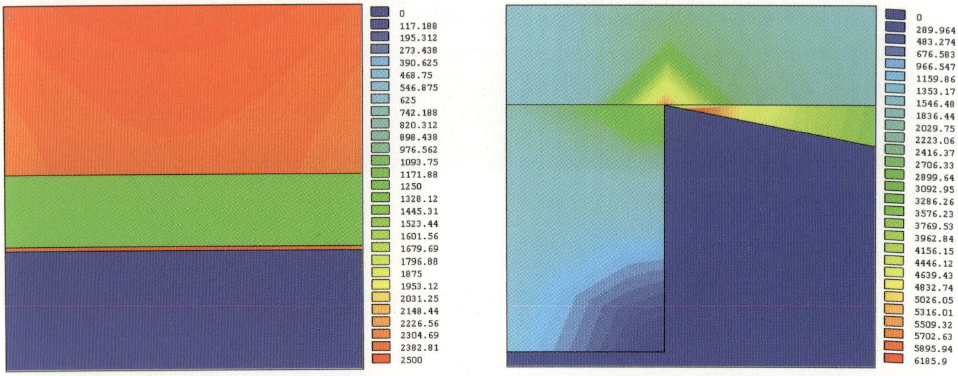

（a）正常情况下电场分布　　（b）磁屏蔽凸起及楔形油隙电场分布

图 8.4　磁屏蔽与绝缘纸板间油隙电场分布

1.4　应采取的措施

明确故障原因后，通过反复的技术讨论，采取了一系列措施避免后续类似问题的发生，包括：对原 HY 换流变油箱及铝屏蔽进行清洁整理，调整铝屏蔽帽内部绝缘垫片的配合公差，铝屏蔽到厂后进行表观检查，对铝屏蔽帽安装螺杆长度进行检查，屏蔽罩安装完成后进行全面的外观检查等措施，并同步更新了厂内的生产工艺文件。经以上整改后，后续换流变压器出厂试验再未出现类似问题。

2 柔直变压器出厂试验过程中乙炔气体超标故障

2.1 故障情况说明

2.1.1 故障过程描述

某换流站柔直变压器于 6 月 30 日更换配套的分接开关电动机构后复试有载分接开关试验，试验开始前取变压器本体下部油进行色谱分析，发现含有微量乙炔，量值为 0.04 μL/L。随后取变压器本体上、中部油进行色谱分析，均含有微量乙炔，量值为 0.03 μL/L。

随后开展了不励磁状态、空载状态和负载状态下的分接开关切换试验，期间柔直变压器油泵全程开启，乙炔未发现增长。静放一晚后，重新对变压器本体取油（上、中、下），乙炔未增长。再次复试长时空载下局放试验，乙炔未发现增长。

2.1.2 故障设备基本情况

该柔直变压器为单相双绕组，铁心采用单相四柱式结构形式，基本参数如表 8.3 所示。

表 8.3　柔直变压器关键参数

项目	参数
型号	DFPZ-RZ-575000/500
连接形式	YNyn0
额定电压/kV	525/300
额定电流/A	1 897/3 320
短路阻抗	18%
分接头级数及分接间隔	（−4～+4）×1.25%
冷却方式	ODAF

2.2 故障检查情况

2.2.1 油中溶解气体分析情况

该柔直变压器按照试验方案要求按顺序开展了所有试验项目，试验过程未发现异常情况，其空载损耗、负载损耗、温升试验等数据等与同类型产品相比无异常。柔直变压器在整个出厂柔直变压器在试验过程中均按照技术规范书要求进行取油样测量油中溶解气体含量，其中 C_2H_2 气体含量变化情况如图 8.5 所示。

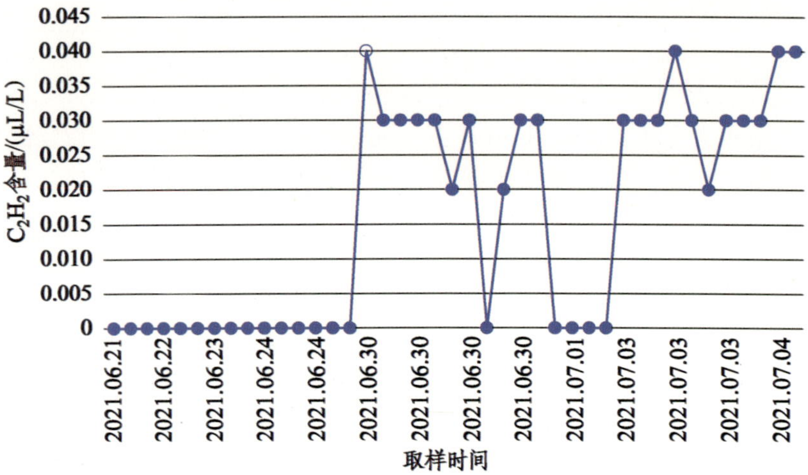

图 8.5 C_2H_2 含量变化情况

柔直变压器绝缘试验按照如下顺序开展：带局部放电测量的感应耐压试验（绝缘试验前）→雷电冲击试验→操作冲击试验→外施直流耐压试验及局部放电测量→短时极性反转试验→外施交流耐压试验→线端交流耐压试验→带局部放电测量的感应耐压试验（绝缘试验后）。随后开展了长时感应电压试验、油流带电试验和转油泵局部放电测量试验（4h），最后开展了 12 小时长时空载试验项目，期间全程开启油泵，均未发现特征气体。因此，可以判定特征气体并不是在绝缘试验时产生。

间隔 5 天后，对柔直变压器开展了复试前的取油样测试，发现了乙炔气体。初步分析认为乙炔气体应为柔直变压器在长时空载试验后期产生。结合三比值法分析认为，产生乙炔气体的可能原因是铁心长时间发热、振动后片间发生了局部短路，产生低能量火花放电，从而产生特征气体。特征气体的整体量值较少，且产生的时间较为接近空载试验结束时，故在试验结束时取油样测试未发现乙炔气体，而在是产品静放一段时间后析出。

2.2.2　试验验证

根据产品试验情况和油中溶解气体分析情况，可以排除线圈及主、纵绝缘、水冷油泵存在异常的情况，初步分析产品铁心磁路可能存在缺陷（如铁心片端面损伤导致片间短路），导致在长时空载试验过程中产气，随后于 7 月 3 日再次对产品进行试验验证，情况如表 8.4 所示。

表 8.4　再次试验验证项目

试验项目	试验结果
铁心和夹件对地绝缘电阻	合格
带局部放电测量的感应耐压试验	合格
长时空载运行试验	油中溶解气体结果无变化 空载损耗和空载电流无异常

2.2.3　吊芯检查情况

为彻底消除产品质量隐患，对柔直变压器进行排油后吊芯检查，检查结果如下：

（1）检查器身网侧引线、分接引线、阀侧引线等位置无异常。

（2）使用万用表检测所有屏蔽线和等位线，连接可靠无异常。

（3）检查铁心外部紧固件无异常，使用力矩扳手对上、下夹件拉带、撑板紧固件进行检查，无松动。

（4）检查铁心所有外部裸露的铁心片，在铁心上铁轭主框间位置，发现有一处铁心片损伤及轻微的烧蚀现象，损伤面积约 10 mm×4 mm（4 片铁心片），使用干净的白布对该故障点进行擦拭清理，有少量的黑色碳化物；铁心上铁轭主框间位置，有一处铁心片（1 片）有折弯变形现象，如图 8.6 所示。

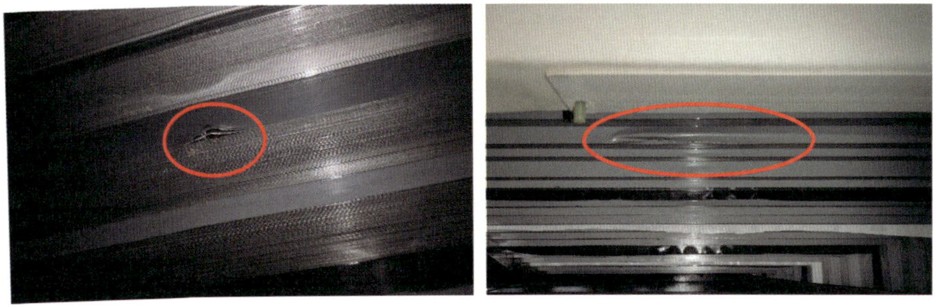

图 8.6　铁心检查情况

2.3 故障原因分析

根据试验过程油色谱分析及柔直变压器吊芯检查情况（见图 8.7），分析 C_2H_2 气体超标的主要原因为：铁心主柱框间上铁轭端面损伤（有碳化痕迹的一处）为本次产气的故障位置。在产品进行第一次空载运行试验时，伴随铁心长时间振动，损伤位置可能存有异物短暂搭接在铁心片间，造成片间短路，发生瞬时火花放电现象，同时油中产生微量乙炔。放电后异物消散，铁心片间短路现象消失，故后续复试空载运行试验时不再产气。

图 8.7　铁心损伤位置

2.4 应采取的措施

为避免铁心片损伤引发产品质量问题的情况再次发生，设备生产厂家针对该问题组织操作人员进行质量宣贯及培训，要求进行压装操作时，将垫块在夹件外部调整到位后再放置到要求位置，同时按图纸要求安装到位，如安装过程中有磕碰铁心片的情况，需将垫块移出对内部铁心片端面进行检查确认，确认铁心端面无损伤后方可进行后续操作。

产品修复处理后进行回装，重新抽真空至 100 Pa 以下维持不小于 96 h，按正常工艺要求注油，加电热循环至顶层油温到达 70 ~ 75 °C 后开始计时，循环时间不小于 20 h。油样合格后静放不小于 72 h，充分放气后再次开展包括空载运行试验和带有局部放电测量的感应电压试验项目的试验验证，确保产品出厂质量。

3　±400 kV 直流穿墙套管电容芯子表面放电故障

3.1　故障情况说明

3.1.1　故障过程描述

12 月 5 日 16 时 12 分，某换流站极 1 直流保护动作，极 1 闭锁，闭锁前功率为 2 500 MW。

经试验、红外、外观等手段检查发现，极 1 低端换流变 Y/Y 阀侧套管、±400 kV 直流分压器、支柱绝缘子、避雷器等设备均无异常，但极 1 高端阀组±400 kV 直流穿墙套管存在故障（其末屏对地绝缘异常，电容量、介损和 SF_6 组分超标），确定极 1 高端阀组±400 kV 穿墙套管为极 1 闭锁的故障点，故障区域示意图如图 8.6 所示。

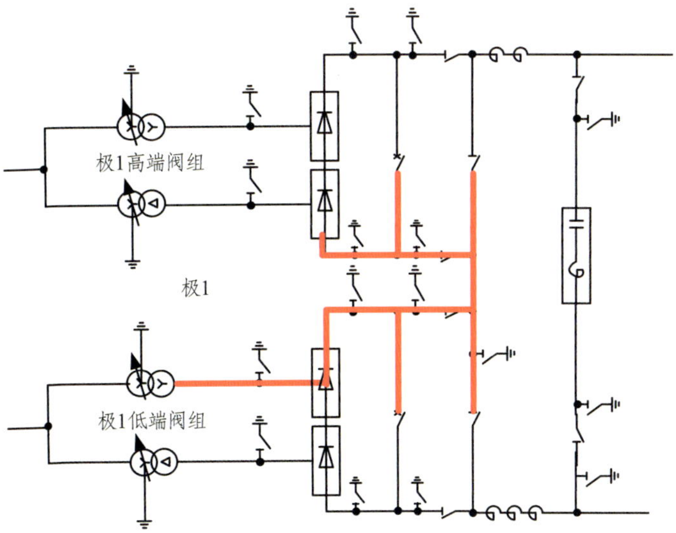

图 8.6　故障区域示意图

3.1.2　故障设备基本情况

故障直流穿墙套管主绝缘采用环氧树脂胶浸纸电容芯体，套管阀厅户内和户外部分采用硅橡胶空心复合绝缘子外套，在电容芯体与绝缘子外套间充 SF_6

气体作为辅助绝缘。套管采用单导电杆载流结构形式，单导电杆既作为套管电容芯体卷制管，在运行中又承担全部负荷电流，结构示意图如图 8.7 所示，基本参数如表 8.5 所示。

表 8.5　故障穿墙套管参数

项目	参数	项目	参数
额定峰值电压	408 kV	额定电流（直流）	3 125 A
额定连续直流电压	408 kV	额定雷电冲击耐受电压	1 300 kV
额定操作冲击耐受电压	1 050 kV	额定 SF_6 气压（表压）	370 kPa

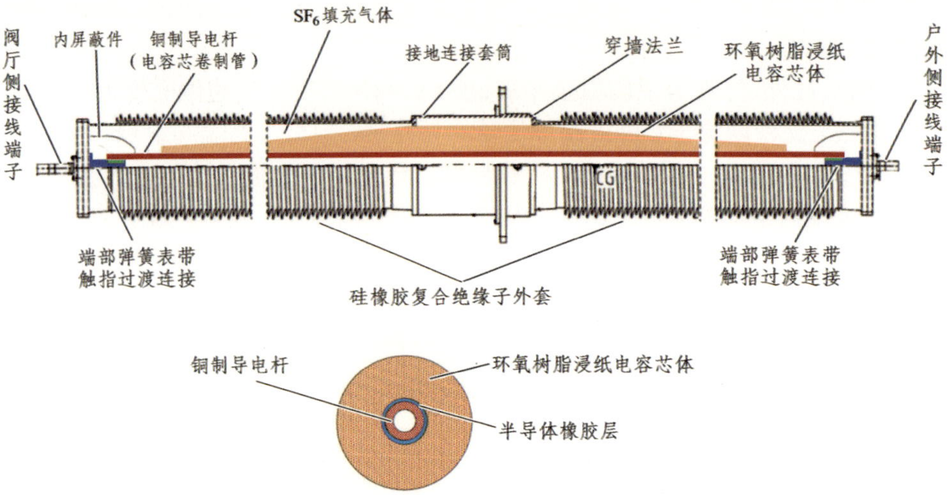

图 8.7　400 kV 直流穿墙套管结构

3.2　故障检查情况

3.2.1　穿墙套管现场情况

极 1 高端±400 kV 直流穿墙套管介质损耗及电容量测试、SF_6 气体测试结果异常，试验数据如表 8.6 所示，不满足《电力设备检修试验规程》要求。

3.2.2　穿墙套管工厂检查情况

将故障套管在制造厂进行解体，拆卸空心绝缘子后电容芯子外观如图 8.8 所示。使用 10 kV 移动试验仪器测量芯子电容介损，主电容 $C1$ 测量值为 1 215 pF，与出厂值 1 120 pF 接近，介损测量值 8.22%远大于出厂值 0.32%。

表 8.6　故障穿墙套管试验测试数据

项目	测试值	铭牌值
电容量/pF	681.8	1 120
介损/%	13.77	0.32
末屏对地绝缘电阻	电压只能上升至 40 V，无法继续加压	—
SO_2/（μL/L）	100	—
H_2S/（μL/L）	114.9	—
CO/（μL/L）	500	—

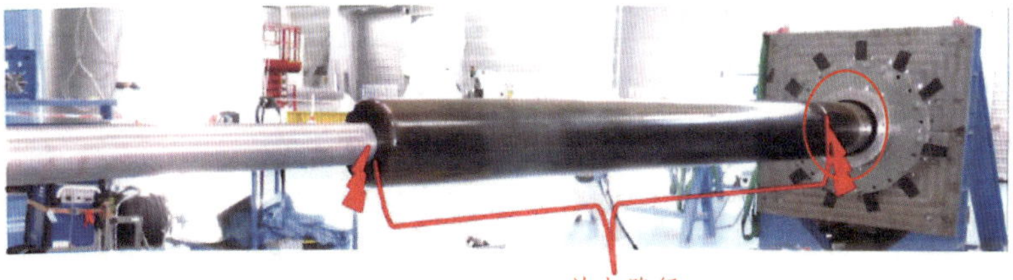

图 8.8　故障套管电容芯子户外端

放电通道为户外端导杆沿芯子表面至接地铜带。根据这个发现，横向切开电容芯子试验抽头、户内、户外接地带部位。

试验抽头部分检查情况如图 8.9 所示，总体上观察有通过故障电流的烧黑痕迹，芯子末屏铝箔及铜网已被流过的大电流烧掉，露出环氧芯体，切面显示放电未造成芯子向内的烧蚀。

户外端接地铜带部位检查情况如图 8.10 所示，与试验抽头情况类似，末屏铜带及铝箔已被烧掉露出环氧部分。

（a）法兰上的引线孔

（b）法兰上的引线孔

（c）芯子引线焊接孔

（d）切面

图 8.9　试验抽头部位检查

（a）芯子与铜带焊接孔

（b）切面

图 8.10　户外端接地铜带部位检查

在上述部分的外观检查中电容芯子没有发现电弧进入芯子内部的痕迹。使用高压电阻测试仪对芯子进行检查，未发现内部铝箔电极之间有击穿迹象。因此放电损伤仅限于芯子表面，芯子内部仍处于正常状态。

3.3　故障原因分析

（1）户外端接地铜带与电容芯子末屏连接不良，导致直流工况下累积电荷无法得到有效泄放，最终引起芯子表面放电。

（2）试验抽头与电容芯子末屏连接不良，导致电容芯子末屏失去地电位，直流工况下累积电荷无法得到有效释放，最终引起芯子表面放电。

3.4　应采取的措施

（1）工厂试验时应该检查户内、户外端接地铜带与试验抽头之间的直流电阻。

（2）交接试验使用 2 kV 测量试验抽头绝缘电阻。

4　±500 kV 直流穿墙套管端部连接片断裂故障

4.1　故障情况说明

4.1.1　故障过程描述

对某工程送端换流站±500 kV 直流穿墙套管开展 SF_6 气体组分测试、回路电阻测试。试验发现极 2 直流穿墙套管回路电阻为 190 μΩ，回路电阻为极 1 直流穿墙套管（90 μΩ）的 2 倍，SF_6 气体组分分析中的 SO_2 和 CO 气体超过注意值要求，测量值 SO_2 含量 93.9，H_2S 含量 0.5，CO 含量 112.7，注意值：$SO_2 \leqslant 3$，$H_2S \leqslant 2$，CO≤100，单位为 μL/L。

4.1.2　故障设备基本情况

故障直流穿墙套管为早期产品出厂时间为 2001 年，主绝缘采用两段环氧树脂胶浸纸电容芯子对接，套管阀厅户内和户外部分外绝缘采用硅橡胶空心复合绝缘子，在电容芯子与绝缘子外套间充 SF_6 气体作为辅助绝缘，套管基本参数如表 8.7 所示。套管采用导电杆载流结构形式，载流导电管与头部端盖之间采用 6 片“L”形连接片连接，中部对接部分使用表带触指连接。

表 8.7　故障穿墙套管参数

项目	参数	项目	参数
额定峰值电压	515 kV	额定电流（直流）	1 800 A
额定连续直流电压	515 kV	额定雷电冲击耐受电压	1 425 kV
额定操作冲击耐受电压	1 300 kV	额定 SF_6 气压（表压）	375 kPa

4.2　故障检查情况

将故障套管运抵制造厂进行解体检查。解体前，套管外观检查未发现异常。对套管进行电容介损测量，结果如表 8.8 所示。

表 8.8　故障套管电容介损测量

测量部位	出厂试验结果		高压接户内端		高压接户外端	
	$C1$/pF	tanδ/%	$C1$/pF	tanδ/%	$C1$/pF	tanδ/%
户外端	587	0.41	596.1	27.11	144.1	26.05
户内端	449	0.39	430.5	0.462	572.1	0.55

从表中数据可见当试验高压接户内端时，两端电容芯子的主电容 $C1$ 值在与出厂值接近，介损值户内端为 0.462%，仍在正常范围内，户外端为 27.11%，明显偏大；同时当试验高压接户外端时两端芯子的主电容 $C1$ 与出厂结果有很大偏离。综合分析户外端存在故障的同时户外接线端子与导杆可能已断开连接。

对故障套管进行解体，发现套管户外侧头部端盖与导电管连接用 6 片连接片均已损坏，两颗固定连接片的螺丝上有电流烧蚀痕迹；户内侧头部端盖与导电管连接用 6 片连接片中的 4 片发现有裂纹，但未完全损坏。解体照片如图 8.11 所示。

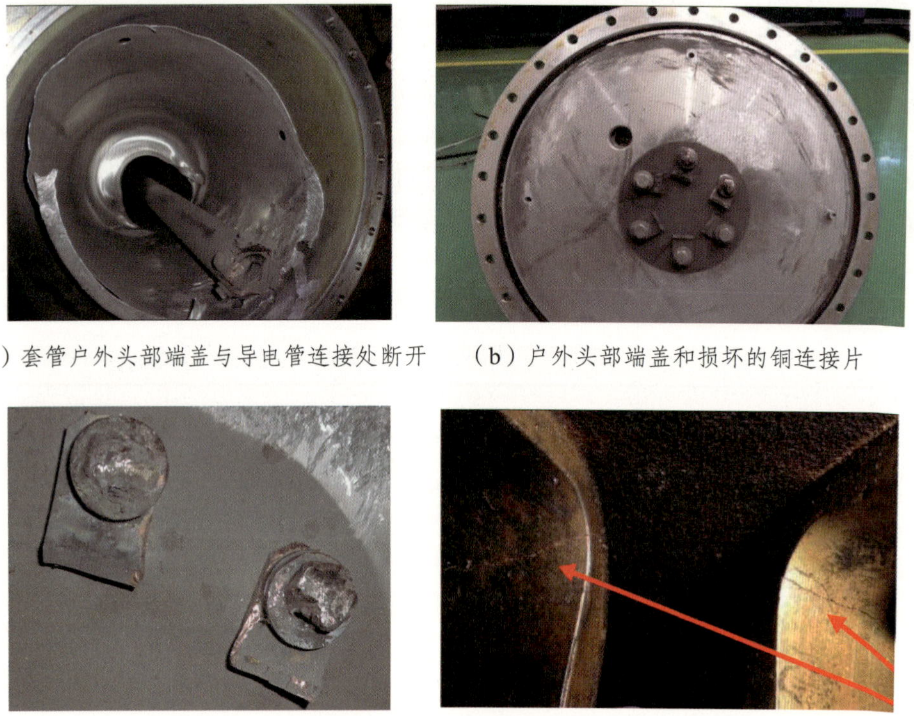

（a）套管户外头部端盖与导电管连接处断开　（b）户外头部端盖和损坏的铜连接片

（c）户外端两颗螺丝有电流烧蚀痕迹　（d）户内 6 片连接片中的 4 片发现有裂纹

图 8.11　工厂解体检查照片

4.3 故障原因分析

对该送端换流站剩余 1 支运行套管及 1 支备品套管进行了端部内窥镜检查，检查发现 2 支套管的端部连接结构均存在缺陷，检查结果如图 8.12 所示。

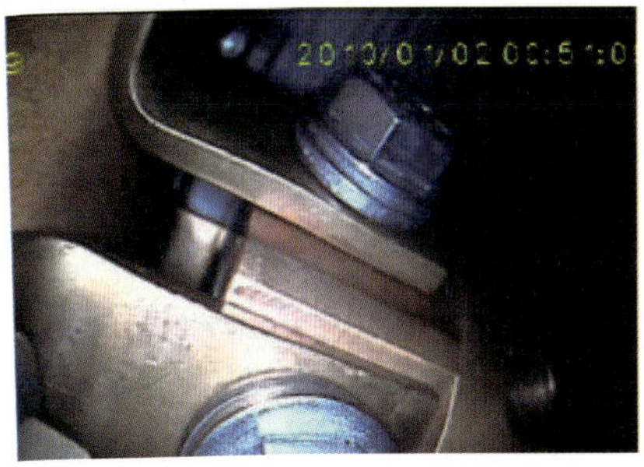

（a）极 1 户内，完好

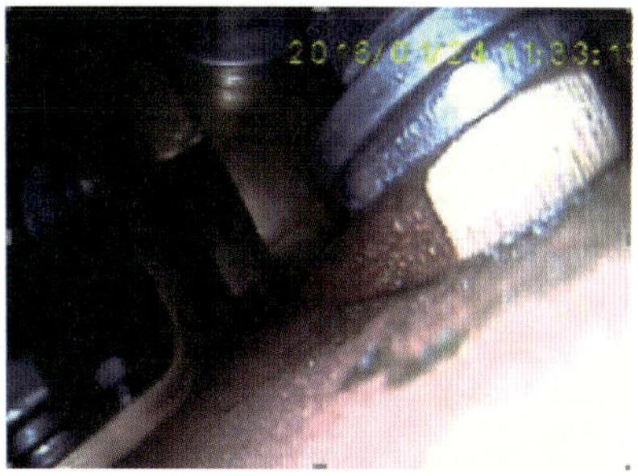

（b）极 1 户外，3 片断裂，1 片裂纹

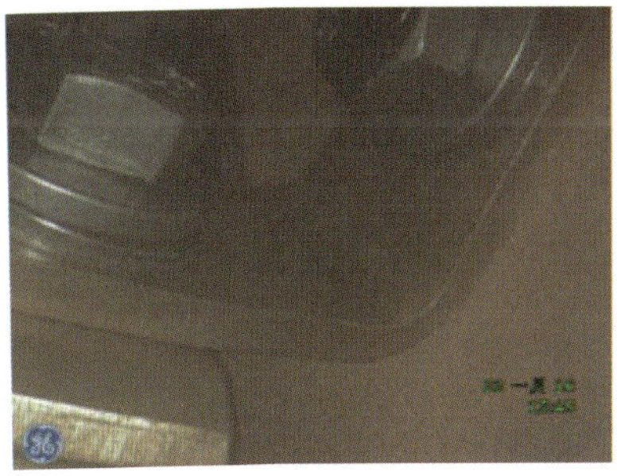

（c）备品户内，完好

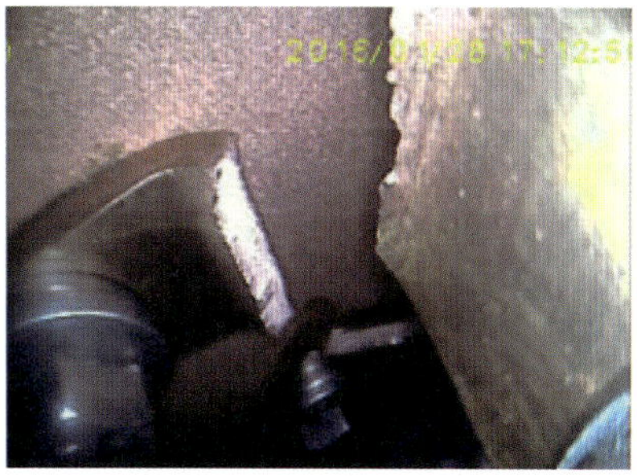

（d）备品户外，4 片断裂

图 8.12 送端换流站套管内窥镜检查照片

同时也对受端换流站同型号套管开展端部内窥镜检查，未发现连接片断裂的情况。根据内窥镜检查结果，结合送端换流站运输路况较为恶劣，可以得到结论：套管端部“L”形连接片结构设计机械裕度不足是连接片处发生断裂缺陷的根本原因，套管在运输过程中连接片材料在交变的应力作用下疲劳是发生断裂缺陷的直接原因。

4.4 应采取的措施

（1）对新建工程，要求供应商对套管运输过程全程监控，安装带有记录功能的冲击记录仪，全程记录运输过程中运输加速度。

（2）年度检修期间除了穿墙套管常规试验项目：绝缘电阻（主绝缘及末屏绝缘）、套管电容量及介损、SF_6 气体微水测试外，增加 SF_6 气体组分测试、回路电阻测试。

参考文献

[1] 中国南方电网有限责任公司. 电力设备交接验收规程: Q/CSG 1205019—2018[S]. 北京：中国电力出版社，2018.

[2] 中华人民共和国国家发展和改革委员会. 电力变压器绕组变形的频率响应分析法：DL/T 911—2004[S]. 北京：中国电力出版社，2004.

[3] 国家标准局. 电力变压器 第五部分 承受短路的能力：GB 1094.5—85[S]. 北京：中国标准出版社，

[4] 中华人民共和国国家质量监督检验检疫总局，中国国家标准化管理. 电力变压器 第五部分 承受短路的能力：GB 1094.5—2008 [S]. 北京：中国标准出版社，2008.

[5] 国家能源局. 电力变压器绕组变形的电抗法检测判断导则：DL/T 1093—2018[S]. 北京：中国电力出版社，2018

[6] 国家能源局. 变压器油中溶解气体分析和判断导则：DL/T 722—2014[S]. 北京：中国电力出版社，2014.

[7] 中国南方电网有限责任公司. 电力设备预防性试验规程；Q/CSG 114002—2011[S]. 北京：中国电力出版社，2011.

[8] 国家能源局. ±800 kV 特高压直流设备预防性试验规程：DL/T 273—2012[S]. 北京：中国电力出版社，2012.

[9] 中国南方电网有限责任公司. 电力设备检修试验规程：Q/CSG 126007—2017[S]. 北京：中国电力出版社，2017.

[10] 国家能源局. 电力设备预防性试验规程：DL/T 596—2021[S]. 北京：中国电力出版社，2021.